高职高专机电类系列教材

电气控制技术

主　编　王慧华

副主编　韩金玉

主　审　杨中力　孔庆涛

西安电子科技大学出版社

内 容 简 介

　　全书共分四个模块，即电气控制系统的安装工艺与调试方法、常用低压电器的检测与安装、基本电气控制线路的安装与调试和典型电气控制线路的安装与调试。

　　本书内容丰富，理论与实操前后衔接紧密；内容由简单到复杂，层次递进，通过合理的章节结构设计，把内容繁琐、难以理解的学科知识分解成多个学习模块和任务，使学生易于掌握相关理论与实操技能，有效提高学生的综合能力。

　　本书可作为高职高专院校电气自动化技术、数控技术、机电一体化、轨道交通等专业的教材，也可作为相关工程技术人员的参考学习用书。

图书在版编目(CIP)数据

电气控制技术/王慧华主编. —西安：西安电子科技大学出版社，2023.6
ISBN 978 - 7 - 5606 - 6801 - 7

Ⅰ．①电… Ⅱ．①王… Ⅲ．①电气控制—高等职业教育—教材
Ⅳ．①TM921.5

中国国家版本馆 CIP 数据核字(2023)第 028904 号

策　　划　明政珠
责任编辑　阎　彬
出版发行　西安电子科技大学出版社(西安市太白南路 2 号)
电　　话　(029)88202421　88201467　　　邮　　编　710071
网　　址　www.xduph.com　　　　　　　　电子邮箱　xdupfxb001@163.com
经　　销　新华书店
印刷单位　咸阳华盛印务有限责任公司
版　　次　2023 年 6 月第 5 版　2023 年 6 月第 5 次印刷
开　　本　787 毫米×1092 毫米　1/16　印张　15.5
字　　数　367 千字
印　　数　1~1000 册
定　　价　44.00 元

ISBN 978 - 7 - 5606 - 6801 - 7 / TM

XDUP 7103001 - 1

＊＊＊如有印装问题可调换＊＊＊

前　　言

　　电气控制技术广泛应用在工业、农业和交通运输等行业，多以电动机为动力进行驱动控制。由电动机驱动生产机械，可以简化生产机械的结构，提高其生产率和产品质量，使生产机械具有运行可靠、维护方便等优点。因而电动机被广泛用来驱动各种机床等生产机械，如车床、铣床、镗床、龙门刨床、起重机、传送带等。电动机的可靠运行与机械设备的安全生产，需要由许多辅助电气设备为其服务，对这些电气设备进行安全可靠的安装与调试是电动机可靠运行和机械安全生产的保证。

　　本书结合电动机与电气控制技术，以"工学结合，任务引导，教中学和学中做一体化"为编写原则，根据新形势下的职业教育特点，由从事相关教学工作的老师和具有企业行业经验的专家进行编写。

　　本书主要针对电动机典型控制线路的安装、调试与排故等工作任务进行分析和撰写，在内容安排上遵循学生掌握知识、技能的认知规律，将内容模块化、任务化，理论知识与实际操作一一对应，使学生学习起来更具有针对性从而获得更好的学习效果。每个模块均按照相关国家职业标准，对知识目标、能力目标和素质目标进行梳理与归纳，然后从任务描述、知识储备、任务实施、任务评价、任务拓展等方面进行详细介绍，具有较好的可操作性和实用性。

　　本书由天津中德应用技术大学王慧华老师担任主编，韩金玉老师担任副主编，参与编写的还有河北科技工程职业技术大学徐小华老师等。全书由天津中德应用技术大学杨中力教授和孔庆涛副教授担任主审，他们在对本书进行审阅时提出了很多宝贵意见，在此表示衷心感谢。

　　由于编者水平有限，书中难免存在疏漏和不足之处，敬请读者批评指正。

编者

2022.11

目 录

模块一　电气控制系统的安装工艺与调试方法

电气控制系统是由电动机和若干电器组件按照一定要求进行连接的实现某一功能的生产机械电气控制系统。电器是根据特定的外界信号和控制要求，实现对电路状态进行切换、控制等操作的元件或设备。电器按其工作电压等级可分为高压电器和低压电器两大类。

我国现行标准是将工作在交流 1200 V(50 Hz)、直流额定电压 1500 V 及以下的电气设备称为低压电器。本模块主要介绍低压电气系统的基本知识，即电气控制系统图的绘制以及电气控制系统的安装工艺和调试方式。

知识目标

(1) 了解电气控制系统图的基本知识。

(2) 掌握电气控制系统图的图示符号和绘制原则。

(3) 掌握电气控制系统的安装工艺和调试方法。

能力目标

(1) 能正确识读和绘制电气控制系统图。

(2) 能制作电气控制系统线路安装工艺计划。

(3) 掌握电气控制系统线路的调试方法。

素质目标

(1) 培养学生安全操作、规范操作、文明生产的职业素养。

(2) 培养学生敬业奉献、精益求精的工匠精神。

(3) 培养学生科学分析和解决实际问题的能力。

任务一　电气控制系统图介绍

任务描述

本任务主要介绍电气控制系统图，主要包括电气控制原理图、电气元器件布置图和安装接线图。

1. 任务目标

(1) 掌握电气控制系统图图形符号和文字符号。

(2) 掌握电气控制系统图识读方法和绘制原则。

(3) 能够正确绘制电气元件布置图和安装接线图。

2. 任务步骤

（1）学习电气控制系统图图形符号和文字符号。

（2）识读电气控制系统图的组成结构。

（3）按工艺要求绘制电气控制系统图。

3. 实训工具、仪表和器材

实训工具：绘图软件，图纸、笔和直尺等。

4. 安全操作

（1）遵守实训室规章制度和安全操作规范。

（2）工作结束后，关闭实训设备电源并整理工位。

知识储备

　　电气控制系统图（简称电气图）用于表达生产机械电气控制系统的组成和工作原理，是设备安装、调试和维修的理论基础，也是反映电气控制系统中各电气元件及其连接关系的图样。电气图应用领域广泛，表达形式多种多样，能以不同的表达方式反映工程问题的不同侧面，通常包括电气原理图、电气元件布置图和电气安装接线图。

　　电气图需要采用统一的图形符号和文字符号绘制。国家标准化管理委员会参照国际电工委员会（IEC）颁布了一系列国家标准，如 GB/T 4728.2—2018《电气简图用图形符号》、GB/T 5226.1—2019《机械电气安全—机械电气设备第 1 部分：通用技术条件》和 GB/T 6988.1—2008《电气技术用文件的编制》等。电气图示符号有图形符号、文字符号及电路标注等。下面以立式钻床电气原理图为例学习电气图示符号，如图 1.1.1 所示。

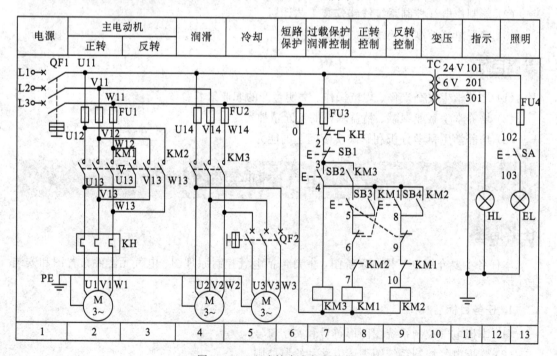

图 1.1.1　立式钻床电气原理图

一、电气图形符号

电气图形符号是绘制各类电气图的依据，是电气技术的工程语言，通常用于图样或其他文件，用以表示一个设备或概念的图形、标记或字符。我国根据 IEC 标准制定的图形符号标准 GB/T 4728.2—2018《电气简图用图形符号》中常用的电气图形符号如表 1.1.1 所示。

表 1.1.1　常用电气图形符号

名称		图形符号	名称		图形符号
一般三极电源开关			按钮	停止	
低压断路器				复合	
行程开关	常开触头		接触器	线圈	
	常闭触头			主触头	
				常开辅助触头	
	复合触头			常闭辅助触头	
转换开关			速度继电器	常开触头	
按钮	启动			常闭触头	

名　称		图形符号	名　称		图形符号
时间继电器	线圈		继电器	欠电流继电器线圈	$I<$
	延时闭合常开触点			常开触头	
	延时断开常闭触点			常闭触头	
	延时闭合常闭触点		熔断器		
	延时断开常开触点		熔断器式刀开关		
	通电延时线圈		热继电器	热元件	
	断电延时线圈			常闭触点	
继电器	中间继电器线圈		桥式整流装置		
	欠电压继电器线圈	$U<$	蜂鸣器		
	过电流继电器线圈	$I>$	信号灯		
电阻器			单相变压器		
接插器			整流变压器		
电磁铁			照明变压器		
电磁吸盘			控制电路电源用变压器		
串励直流电动机		M	带滑动触点电位器		

续表二

名　称	图形符号	名　称	图形符号
他励直流电动机		PNP 型三极管	
三相笼形异步电动机		NPN 型三极管	
三相绕线转子异步电动机		晶闸管（阳极侧受控）	
		半导体二极管	
积复励直流电动机		接近敏感开关动合触头	
差复励直流电动机		磁铁接近时动作的接近开关的动合触头	
直流发电机		接近开关动合触头	

二、电气文字符号

文字符号用于电气技术领域中技术文件的编制，也可以标注在电气设备、装置和元器件上或近旁，以表示电气设备、装置和元器件的名称、功能、状态和特性。电气文字符号分为基本文字符号和辅助文字符号。常用的基本文字符号与辅助文字符号分别如表1.1.2、1.1.3 所示。

表 1.1.2　常用的电气基本文字符号

名　称	符号		名　称	符号		名称	符号	
	单字母	双字母		单字母	双字母		单字母	双字母
发电机	G	—	电压互感器	T	TV	电阻器	R	—
直流发电机	G	GD	整流器	U	—	电位器	R	RP
交流发电机	G	GA	断路器	Q	QF	启动电阻器	R	RS
同步发电机	G	GS	隔离开关	Q	QS	制动电阻器	R	RB
异步发电机	G	GA	自动开关	Q	QA	频敏电阻器	R	RF
电动机	M	—	转换开关	Q	QC	电容器	C	—
直流电动机	M	MD	刀开关	Q	QK	电感器	L	—
交流电动机	M	MA	控制开关	S	SA	电抗器	L	LS
同步电动机	M	MS	行程开关	S	SQ	熔断器	F	FU
异步电动机	M	MA	微动开关	S	SS	照明灯	E	EL
笼型电动机	M	MC	按钮开关	S	SB	指示灯	H	HL
绕组	W	—	接近开关	S	SP	晶体管	V	VT
电枢绕组	W	WA	继电器	K	—	晶闸管	V	VTH
定子绕组	W	WS	电压继电器	K	KV	半导体二极管	V	VD
转子绕组	W	WR	电流继电器	K	KA	稳压管	V	VS
变压器	T	—	时间继电器	K	KT	变换器	B	—
电力变压器	T	TM	控制继电器	K	KC	压力变换器	B	BP
控制变压器	T	TC	速度继电器	K	KS	位置变换器	B	BQ
自耦变压器	T	TA	接触器	K	KM	温度变换器	B	BT
整流变压器	T	TR	电磁铁	Y	YA	速度变换器	B	BV
互感器	T	—	电磁离合器	Y	YC	测速发电器	B	BR
电流互感器	T	TA	电磁阀	Y	YV	—	—	—

表 1.1.3　常用的电气辅助文字符号

名　称	符　号	名　称	符　号	名　称	符　号
高	H	绿	GN	断开	OFF
低	L	黄	YE	附加	ADD
升	U	白	WH	异步	ASY
降	D	蓝	BL	同步	SYN
主	M	直流	DC	自动	A,AUT
辅	AUX	交流	AC	手动	M,MAN
中	M	电压	V	启动	ST
正	FW	电流	A	停止	STP
反	R	时间	T	控制	C
红	RD	闭合	ON	信号	S

1. 基本文字符号

基本文字符号有单字母符号和双字母符号两种。单字母符号按拉丁字母顺序将各种电气设备、装置和元器件划分为 23 大类，每一类用一个专用单字母符号表示，如"C"表示电容器类，"R"表示电阻器类等。

双字母符号由一个表示种类的单字母符号与另一个字母组成，且以表示种类的单字母符号在前，另一个字母在后的顺序排列，如"F"表示保护器件类，"FU"表示熔断器，"FR"表示热继电器。

2. 辅助文字符号

辅助文字符号用来表示电气设备、装置和元器件，以及电路的功能、状态和特征。如"L"表示低，"H"表示高，"RD"表示红色等。辅助文字符号还可以单独使用，如"ON"表示接通，"OFF"表示断开，"PE"表示保护接地等。

三、电路标注

1. 主电路各节点标注

（1）三相电源按相序编号为 L1、L2、L3、N、PE，直流系统的电源正、负线分别用 L＋、L－标记。经过开关后，在出线端子上按相序依次编号为 U11、V11、W11。

（2）主电路各支路标记采用三相文字编号后面加两位数字来表示，从上到下（垂直绘图）或从左到右（水平绘图），每经过一个电气元件接线端子后编号递增，如 U11、V11、W11，U12、V12、W12、…等。

（3）三相电动机定子绕组首端分别用 U1、V1、W1 标记，绕组尾端分别用 U2、V2、W2 标记，电动机绕组中间抽头分别用 U3、V3、W3 标记。

2. 控制电路各节点标注

控制电路采用阿拉伯数字编号，标注方法按"等电位"原则进行。在垂直绘制的电路中，标号顺序一般按自上而下、从左至右的规律编号。凡是被线圈、触点等元件所间隔的接线端点，都应标以不同的线号。

一、电气原理图

电气原理图是为了便于阅读与分析电气控制线路，根据简单、清晰的原则，采用电气元件展开的形式绘制而成的图样。它主要包括所有电气元件的导电部件和连接端点，但并不按照电气元件的实际布置位置来绘制，也不反映电气元件的大小。电气原理图一般包括电源电路、主电路和辅助电路三部分。电气原理图结构简单，层次分明，用于对电路工作原理进行分析和研究，为电路故障排查提供帮助，是后续学习电气安装接线图的依据。

1. 电气原理图组成

1）电源电路

电源电路一般画成水平线，三相交流电源 L1、L2、L3 由上而下依次排列画出，中线 N 和保护地线 PE 画在相线之下。直流电源则自上而下画出"＋""－"电源极性，且电源开关要水平画出。

2）主电路

主电路是指受电的动力装置及控制、保护电器的支路等，是电源向负载提供电能的电路，它由主熔断器、接触器的主触头、热继电器的热元件以及电动机等组成。主电路中通过的是电动机的工作电流，电流比较大，因此一般在图纸上用粗实线垂直于电源线路绘制在电路图的左侧。例如，本章节中的图 1.1.1（即立式钻床电气原理图）的主电路部分如图 1.1.2 所示。

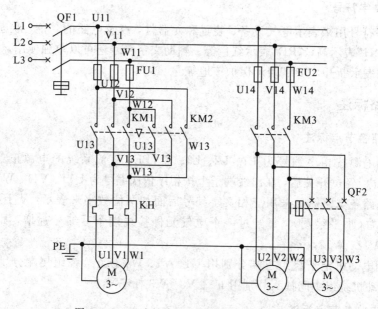

图 1.1.2　立式钻床电气原理图的主电路部分

3）辅助电路

辅助电路是指除主电路以外的电路。辅助电路包括控制电路、信号电路和照明电路。

控制电路是控制主电路工作状态的线路，主要由按钮、接触器和继电器的线圈及辅助触点、热继电器触点、保护电器触点等组成；信号电路是显示主电路工作状态的线路；照明电路是给机床设备局部提供照明的线路。辅助电路由主令电器的触头、接触器线圈及辅助触头、继电器线圈及触头、指示灯和变压器、照明灯等组成。辅助电路通过的电流都较小，一般不超过 5 A。

辅助电路一般按照控制电路、指示电路、照明电路的顺序，用细实线依次垂直画在主电路的右侧，且耗能元件要画在电路图的下方，与下边的电源线相连，而继电器的触头要画在耗能元件上方与上边电源线之间。为读图方便，一般应按照自左至右、自上而下的顺序来表示操作顺序。例如，本章节中的图 1.1.1（即立式钻床电气原理图）的辅助电路部分如图 1.1.3 所示。

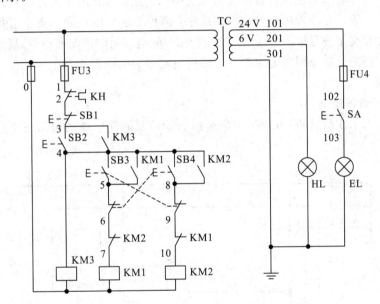

图 1.1.3　立式钻床电气原理图的辅助电路部分

2. 电气原理图识读方法和步骤

（1）查看设备所用的电源。一般生产机械所用电源通常均是三相、380 V、50 Hz 的交流电源，对需采用直流电源的设备，往往都是采用直流发电机供电或采用整流装置。随着电子技术的发展，特别是大功率整流管及晶闸管的出现，一般情况下都由整流装置来获得直流电。

（2）分析主电路中有几台电动机，并分清各台电动机的用途。目前，一般生产机械中所用的电动机以笼型异步电动机为主，但绕线转子异步电动机、直流电动机、同步电动机也有着各种应用。所以，在分析生产机械有几台电动机的同时，还要注意电动机的类别。

（3）分析各台电动机的动作要求。需要分析的各台电动机的动作要求有启动方式、是否有正反转、调速及制动的要求以及各台电动机之间是否相互有制约的关系（还可通过控制电路来分析)。

（4）分析主电路中所用电器。主电路电器一般包含控制电器和保护电器。控制电器有接触器、电源开关（转换开关及空气断路器）、万能转换开关等。保护电器有短路保护器件及过载保护器件，如熔断器、热继电器。识读电路图时，需要结合控制电路来分析这些元件的动作先后顺序和功能。

（5）分析控制电路。分析控制电路主要是指分析所用电源电压和控制原理。一般的生产机械设备的控制电路较简单，控制电路电压常采用交流 380V，可直接由主电路引入。控制电路的控制原理分析是结合主电路分析其各个电气元件的动作过程和作用，从而得出电气原理图的功能。

3. 电气原理图的绘制

绘制电气原理图时不是按照电气元件的几何尺寸和位置绘制的，而是用规定的标准图形符号和文字符号表示系统或设备组成部分之间的关系，主要用于表达电气元件和连接导线的连接关系。连接导线可用单线法和多线法，两种方法可以在同一图中混用。电气原理图的图形符号和文字符号按照 GB/T 4728.2—2018《电气简图用图形符号》规定画出。

电气原理图的绘制采用功能布局法，即把电路划分为电源电路、主电路、辅助电路三部分进行绘制。

1）电气原理图绘制原则

下面以图 1.1.4 所示的 C620 型车床全压启动控制电气原理图为例来说明电气原理图的绘制原则。

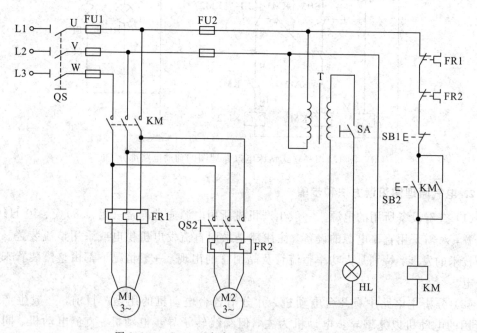

图 1.1.4　C620 型车床全压启动控制电气原理图

（1）先绘制电源电路，电源线路一般画成水平线。三相交流电源相序 L1、L2、L3（U、V、W）自左而右依次画出。若有中线 N 和保护地线 PE，则一般依次画在相线之下。直流电源的"＋"端画在上端，"－"端画在下端；电源开关水平画出。

（2）按照功能布局划分，先绘制主电路，再绘制辅助电路。按照从左到右、自上而下的顺序进行有序绘制，并尽量按照工作顺序排列。

（3）全部带电部件都应在电气原理图中绘制出。

（4）布局合理，排列均匀，预留一定空间，以便后续修改或改造。

（5）电气元件的绘制不是画出实际的外形图，而是采用统一国标符号画出。

同一电气元件的各个部件不是按它们的实际位置画在一起，而是按其在线路中所起作用分别画在不同的电路中，但它们的动作是相互关联的，必须标以相同的文字符号，如图 1.1.4 中，交流接触器 KM 的线圈、主触点和辅助触点的文字符号标注相同，即均标注为 KM。

对同类型的电气元件，可采用在文字符号后加阿拉伯数字序号区分，如图 1.1.4 中的按钮 SB1 和 SB2。

各电气元件触头位置按电路未通电或未受外力作用时的常态绘制（非激励状态）。例如继电器、接触器的触点按线圈不通电时的状态画出，按钮、行程开关等按不受外力作用时的状态画出。

电气元件垂直布置时，类似部件（如多个接触器的线圈）横对齐；水平布置时，类似部件纵向对齐。

（6）交叉线的交叉点绘制用黑圆点表示，同时尽量减少或避免线条交叉。各导线之间有电联系时，对"T"形连接点，在导线交点处可画出实心圆点，也可以不画；对"＋"形连接点，在导线交点处必须画出实心圆点。

（7）复杂的电气原理图要进行图幅分区及位置索引，如图 1.1.1 所示立式钻床电气原理图。

将电气原理图上的导线进行标号，主电路用英文字母标号，控制电路用阿拉伯数字标号。标号时，采用"等电位"原则，即相同的导线采用同一标号，跨元件需换标号。

2）绘制电动机点动运行原理图

以电动机点动运行控制线路为例绘制其原理图，如图 1.1.5 所示。

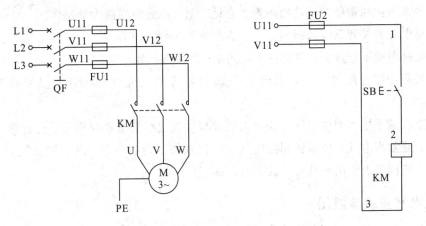

图 1.1.5　电动机点动运行控制线路原理图

二、电气元件布置图

电气元件布置图主要用于电气元件（简称元件）的布置和安装，是电气设备制造、安装及维修的必要技术资料，是根据电气元件的外形和在控制板上的实际安装位置，采用简化的外形符号绘制的一种简图。

绘制电气元件布置图不需标注尺寸，各电气元件的文字符号必须与原理图和接线图的标注一致；需要留有 10% 以上的备用面积及导线管（槽）的位置，以供改进设计时用。电动机点动运行控制线路的电气元件布置图如图 1.1.6 所示。

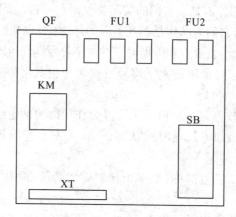

图 1.1.6　电动机点动运行控制线路电气元件布置图

电气元件布置图绘制原则：

（1）整体布置应整齐、对称和美观，相同或外形尺寸与结构相似的元件应尽量布置在一起，以便于加工、安装和配线。

（2）强电和弱电元件应分开布置并注意弱电屏蔽，防止受强电等干扰。

（3）体积大且较重的元件应布置在电控板的下面，发热元件应布置在电控板上面（例如熔断器）。

（4）热继电器应布置在发热元件下方，以防误动作，同时也便于接线。

（5）经常维护和调整的元件应布置在合适位置，以方便维修人员操作。

（6）总电源开关和急停按钮应布置在方便而明显操作的位置。

（7）元件布置不宜过密，应留有一定间距，以便维护和检修。

（8）若采用线槽配线方式，则应适当加大各排电气元件的间距，以便后期布线和维护。

（9）接线端子排等的进出线方式应按电控板的进出线数量和规格等进行选择。

注意：通常将电气元件布置图与电气安装接线图组合在一起，既起到电气安装接线图的作用，又能清晰表示出电气元件的布置情况。

三、电气安装接线图

电气安装接线图主要用于电气设备和电气元件的安装接线或故障检修，是根据电气元件的实际位置和安装情况，用规定的图形符号以及采用简化外形符号而绘制的（其比例和尺寸没有严格要求）。

实际应用时，通常将电气安装接线图与电气原理图和电气元件布置图一起配合使用，其上面的文字符号和数字符号应与电气元件布置图、电气原理图中保持一致。电动机点动控制线路安装接线图如图 1.1.7 所示。

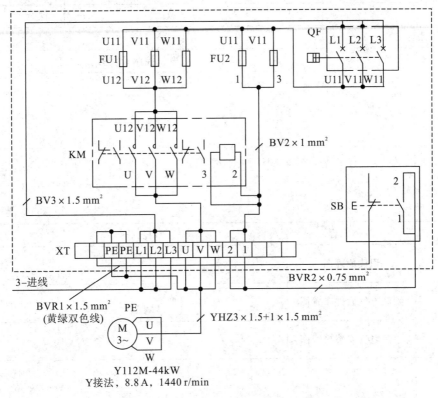

图 1.1.7　电动机点动控制线路安装接线图

电气安装接线图绘制原则：

（1）按照电气元件布置图，将电气设备和电气元件绘制在安装接线图的图样上，电气元件的相对位置应与电气元件布置图的位置一致，即实际位置、大小应按统一比例尺寸绘制。

（2）同一个元件的所有部件应画在一起，并用点画线框起来。并且，其图形符号、文字符号和接线端子的编号均与电气原理图中的标注保持一致。

（3）接线一律采用细实线。接线少时，可直接画出接线方式，同一通道中可用一条线表示；接线多时，可采用符号标注方式，即在电气元件的接线端标明接线的线号和走向，不画出接线。

（4）在电气安装接线图中，应标明配线的规格、型号、接线根数等信息。

（5）电控板内外的电气元件之间的接线应通过接线端子排进行连接。

四、文件存档

本任务学习完毕后应将学习到的电气控制系统图知识点整理在任务工单中，进行存档，见表 1.1.4。

表 1.1.4　任务工单：电气控制系统图

院系		班级		姓名		学号	
日期		地点		教师		课时	
课程名称							
实训任务			电气控制系统图				
操作要求							
任务分工与计划							
操作内容	具体内容		操作步骤				
	识读原理图						
	绘制电气元件布置图						
	绘制电气安装接线图						
绘图原则及注意事项							
任务重点和要点							
存在问题和解决方法							

任务评价

电气控制系统图任务评价表如表 1.1.5 所示。

表 1.1.5　任务评价表：电气控制系统图

组名/组员				班级	
任务名称		电气控制系统图		得分	
序号	主要内容	考核要求	评分细则	配分	赋分
1	识读原理图	能按正确步骤和要求进行识读和分析问题	1. 步骤和结果正确20分 2. 问题分析正确10分	30	
2	绘制电气元件布置图	按正确步骤和要求进行绘制	1. 元件位置正确10分 2. 图形符号和文字符号正确10分	20	
3	绘制电气安装接线图	按正确步骤和要求进行绘制	1. 线号和连线正确10分 2. 图形符号和文字符号正确5分 3. 参数齐全5分	20	
任务得分(70分)					
4	安全操作			20	
5	文明操作			10	
职业素养与操作规范得分(30分)					
总得分(100分)					

任务拓展

请在完成本任务的基础上，参考电动机正/反转控制线路原理图，自行完成其电气元件布置图和电气安装接线图的绘制工作。

任务二　电气控制系统安装工艺

任务描述

本任务是按照生产设备工艺要求，制作其安装工艺计划，对其控制线路(本任务以电动机连续运行控制线路为例)所用电气元件等进行安装接线，要求安装接线符合国标。

1. 任务目标

(1) 掌握合理选择和检查电气元件的方法。

(2) 掌握电气控制线路的安装工艺和步骤要求。

(3) 能正确绘制电气元件布置图和电气安装接线图。

(4) 能按电气控制线路安装工艺正确安装电气控制系统的控制线路。

2. 任务步骤

(1) 分析电气原理图,按电气原理图配备电气元件,并对其进行检测。

(2) 绘制电气控制线路的电气元件布置图和电气安装接线图。

(3) 按工艺要求完成电气控制线路的安装接线。

3. 实训工具、仪表和器材

(1) 实训工具:螺钉旋具(大十字、大一字、小一字)、剥线钳、尖嘴钳和镊子等。

(2) 仪表:数字万用表一套。

(3) 实训器材:电动机连续运行控制线路安装所用实训器材如表 1.2.1 所示。

表 1.2.1　电动机连续运行控制线路安装所用实训器材清单

文字符号	器件名称	型号规格	数量	备　注
QF	断路器	HDBE - 63/3P/1P	各 1	—
FU	熔断器	RT14 - 20 3P/1P	各 1	—
KM	交流接触器	CJX2 - 0911	1	—
FR	热继电器	NR4 - 63	1	—
SB	启停按钮	LAY7 - 11BN	红绿各 1	—
XT	接线端子	TB2515	1	—
M	电动机	三相鼠笼式电动机	1	≤5.5 kW；380 V Y/△
	网孔板	孔距 10 mm×5 mm	1	—
BVR	导线	1 mm	若干	JS14P - 99S
—	线鼻子(针)	1 mm	若干	—
—	线槽	—	若干	—

4. 安全操作

(1) 遵守实训室规章制度和安全操作规范。

(2) 正确使用安装接线工具。

(3) 线路安装完毕,严禁自行上电试车。

(4) 工作结束,整理工位。

知识储备

掌握电气控制系统线路安装工艺是学习电气控制系统理论应用于实践的关键。电气控制系统线路的安装必须按照相关技术文件和实际线路需要进行，主要包括电气原理图的识读与分析、电气元件的选择与检测、电气系统图的绘制和电气控制线路的安装四大部分。

任务实施

一、电气原理图的识读

电气原理图反映了电路中电气元件的控制关系。在制作控制线路前，需要知道所用电气元件的数目，电气元件之间的控制关系、连接顺序和控制动作等。另外，还需要关注电气原理图中技术参数的标定，比如所用元件规格和标注线号。从电源端起，各相线分开，到负载端为止，应做到一线一号，不得重复。电动机连续运行线路原理图如图1.2.1所示。

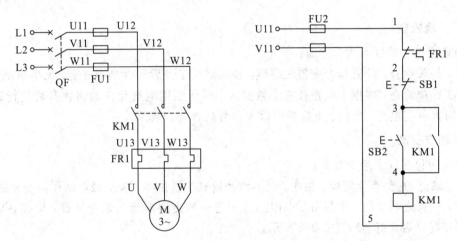

图 1.2.1　电动机连续运行控制线路原理图

电动机连续运行控制线路原理图由供电电源、主电路和控制电路组成。主电路所用电源是三相(L1、L2 和 L3)的 380 V、50 Hz 的交流电源；主电路所用电气元件有断路器 QF、熔断器 FU1、接触器 KM1、热继电器 FR1，流经电流大。控制电路所用电源是 L1 和 L2 的 380 V、50 Hz 的交流电源；控制电路所用电气元件有开关按钮 SB1、SB2，接触器的 KM1 触点和线圈，热继电器触点 FR1，熔断器 FU2，流经电流都较小。

电路中断路器 QF 起电源隔离作用，熔断器 FU1 起短路保护作用；接触器 KM 主触点控制电动机 M 的运转和停转；按钮 SB 是主令开关，作为电路启动按钮和停车按钮使用。

线路动作过程：闭合开关 QF，按下启动按钮 SB2，接触器 KM1 线圈得电，电动机 M 接通三相电源启动运行；按下停车按钮 SB1，接触器 KM1 线圈失电，电动机断电停转。

所用设备：380 V、50 Hz 三相电源，电动机 M，断路器 QF，接触器 KM1，熔断器 FU1、FU2 和热继电器 FR1。线路中各个电气元件标号齐全。

二、电气元件的选择与检测

为了避免电气元件自身的问题对电路造成影响，电气控制系统安装前应对所用的电气元件进行选择与检测。检测包括电气元件核对、外观检查和触点等检测。

1. 电气元件核对

按照电动机连续运行控制线路原理图，填写实训电气元件清单，如表 1.2.2 所示。并按照器件清单领取所需电气元件，要求备件齐全。

表 1.2.2　电动机连续运行控制线路实训电气元件清单

电气元件名称	型　号	规　格	数　量	备　注
断路器				
熔断器				
接触器				
热继电器				
电动机				

2. 外观检查

外观检查包括以下两个方面：

（1）外观检查：外壳是否完整无裂痕，各接线端子及紧固件是否齐全，无生锈现象。

（2）铭牌检查：根据本电路技术参数要求，对所领用电气元件的铭牌参数进行逐一核对，核对其额定电压、电流、电流整定值等参数是否符合要求。

3. 触点检测

触检测包括以下两个方面：

（1）触点检查：有无熔焊、粘连、变形和严重氧化锈蚀等现象，触点动作是否灵活等。

（2）触点通断检测：用万用表电阻挡检测各个触点通断情况是否良好，检查各电气元件绝缘情况是否良好，如图 1.2.2 所示。

图 1.2.2　电气元件检测图

电气元件检测完毕，将检测结果记录在表格 1.2.3 中。

表 1.2.3 电气元件检测表

序号	文字符号	设备名称	是否完好	备注
1	QF			
2	FU			
3	KM			
4	FR			
5	SB1			
6	SB2			
7	M			
8	XT			

三、电气系统图的绘制

电气系统图中的原理图不能反映电气元件的实际位置、布线方式和元件装配方式等安装信息，而电气元件布置图和电气安装接线图能反映以上这些安装信息。

1. 绘制电气元件布置图

电气元件布置图主要用来表明电气设备上所有电气元件的实际位置，为生产机械电气设备的制造、安装提供必要的技术资料。电气元件布置图是按一定的绘制原则，采用简化的外形符号而绘制的一种简图。电气元件布置图中的文字符号必须与电气原理图和电气安装接线图的标注一致。

现以电动机连续运行控制线路为例，根据电气元件布置图的绘制原则和方法（详见模块一任务一内容），画出其电气元件布置图如图 1.2.3 所示。

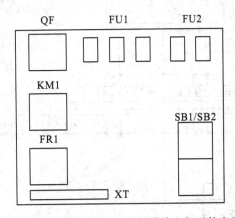

图 1.2.3 电动机连续运行控制线路电气元件布置图

注意：通常将电气元件布置图与电气安装接线图组合在一起，既起到电气安装接线图的作用，又能清晰表示出电气元件的布置情况。

2. 绘制电气安装接线图

电气安装接线图是用规定的图形符号,按各电气元件的相对位置绘制出的实际接线图,能够清楚地表示各电气元件的相对位置和它们之间的电路连接,同时也用于电气设备的故障检修。电气安装接线图中的电路标号是电气设备之间、电气元件之间、导线与导线之间的连接标记,其文字符号和数字符号应与电气元件布置图、电气原理图中的标号一致。

现以电动机连续运行控制线路为例,根据电气安装接线图的绘制原则和方法(详见模块一任务一内容),画出其电气安装接线图如图 1.2.4 所示。

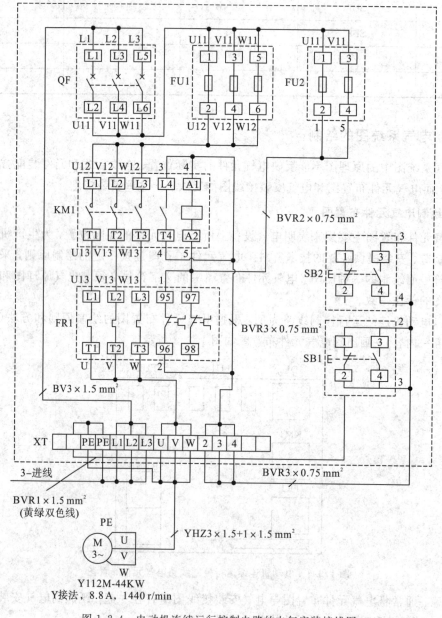

图 1.2.4　电动机连续运行控制电路的电气安装接线图

四、电气控制线路的安装

电气控制线路安装的方式和方法是根据电气控制线路的复杂程度、结构特点和操作要求而定的。电气控制线路的安装主要包括元件安装和布线。

1. 电气元件安装

电气原理图和电气元件布置图绘制完毕，即可在安装板（也称为电控板）上进行电气元件布置和安装。其安装方式、步骤和工艺如下所述。

1）安装方式

电气元件安装有螺钉固定和导轨安装两种方式。

（1）螺钉固定。固定元件时要用力均匀，在紧固熔断器、接触器等易碎电气元件时，应用手按住元件，边轻轻摇动，边用旋具轮流旋紧对角线上的螺钉，直至用手感觉摇不动后再适度旋紧一些即可。

（2）导轨安装。导轨通过螺钉或铆钉固定到电控板上。螺钉、铆钉的间距不能太大，固定好的导轨要横平竖直。导轨的安装位置应满足电气配线的要求。该方式便于电气元件安装和更换。

2）安装步骤

（1）按照电气元件布置图，在电控板上规划好各元件的安装位置。

（2）安装导轨于电控板合适位置。

（3）将电气元件安装于导轨上。

3）安装工艺

（1）所有元件均正向安装即元件铭牌文字正向。

（2）安装位置整齐，间距合理，便于今后检修。

（3）同一导轨上的电气元件需要用导轨固定件固定，要求元件安装牢固。

注意：导轨安装和电气元件安装时，要为布线留有合适空间，包括线槽所占空间。

2. 布线

在电控板上安装好电气元件后，再根据电气安装接线图和接线工艺进行接线。在电气控制系统线路安装的布线环节中，主要工作包括导线选型、配线方法选择和接线。

1）导线选型

导线选型包括导线类型和导线截面积选择两方面。导线类型分硬导线（BV）和软导线（BVR），具体采用哪种导线需要结合配线方法和实际线路情况而定。导线截面积大小由线路所承受的负载工作电流而定。

2）配线方法选择

（1）明配线。明配线又称板前配线。特点是导线走向清楚，检查故障方便，但工艺要求高，配线速度较慢，适用于电路比较简单、电气元件较少的设备。

注意事项是：连接导线应选用 BV 型单股塑料硬导线；线路要求高，即整齐美观，做到横平竖直，转弯处应为直角；成排成束的导线用线束固定，导线敷设不影响电气元件的拆卸；导线与接线端子应保证可靠的电气连接，线端应弯成羊角圈，在同一接线端子连接不同大小截面的导线时，大截面在下，小截面在上，且每个连线端子原则上不超过两根导线；

导线应尽可能不重叠、不交叉、

（2）暗配线。暗配线又称板后配线。特点是电控板面整齐美观，配线速度较快，但检查电气线路故障较困难。

注意事项是：电气元件的安装孔、导线穿线孔的位置要准确，孔径要合适；板前与电气元件的连接线要接触可靠，穿板的导线应与板面垂直；电控板有电气元件的那面应朝向控制柜门，以便检查维修。

（3）线槽配线。线槽配线是在板前固定线槽，如图1.2.5所示。该配线方式综合了明配线和暗配线的安装优点，不仅安装简便，而且外观整齐美观，检查维修及改装方便，是目前使用较为广泛的一种配线方式，特别适用于电气线路复杂、电气元件多的电气设备安装。一般使用塑料多股软导线作为其连接导线。

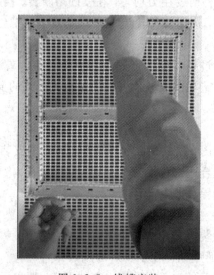

图 1.2.5　线槽安装

注意事项：线槽制作与组合要求高，线槽安装于电控板面上，要求横平竖直，接缝要求缝隙不超过 2 mm；线槽大小应根据所配线路复杂程度而定，槽内走线数量大约为线槽容量的 2/3；槽内走线要求就近原则，松紧适度且有层次，便于后期理线；所有裸露在线槽外的导线都是上下竖直方向等。

3）接线

电气元件和线槽固定完毕后即可准备接线。遵循原则如下：

（1）先接主电路，后接控制电路。

（2）先接串联电路，后接并联电路。

（3）从上到下，从左到右顺序逐根连接。

（4）电气元件的进出线按照上进下出、左进右出原则接线。

（5）每个接线端子上不能多于两根线。

（6）导线的颜色标志、线号标志都应符合要求。

接线具体步骤如下：

（1）做线。先测量用线长度，然后用剥线钳剪线和剥线，最后用压线钳压接冷压端子。

（2）接线。按照电气安装接线图、接线原则和线号逐一接线和安装线号套管。

注意事项：导线连接必须牢固，不得松动，每根连接导线中间不得有接头等。

五、电气安装附件

安装低压电器时，除了需要安装接线图、电控板、电气元件和工具外，还需要安装一些附件。

1. 走线槽

走线槽又名线槽、配线槽，如图 1.2.6 所示，由锯齿形的塑料槽和盖组成，有宽和窄多种规格。线槽用于导线和电缆的走线，可以使走线美观整齐。另外，走线槽还具有绝缘、防弧、阻燃自熄等特点，以及具有机械防护和电气保护作用。

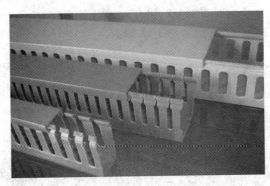

图 1.2.6 走线槽

2. 安装导轨

安装导轨由合金或铝材料制成，用于安装各种轨道式元器件，方便电气元件的装卸，如图 1.2.7 所示。

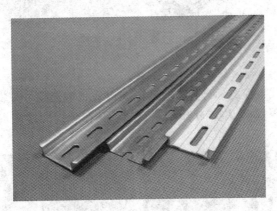

图 1.2.7 导轨

3. 冷压端子(线鼻子)

冷压端子常用于电缆末端连接和续接，能让电缆和电气设备、接线端子连接更牢固，更安全，是建筑、电力设备、电器连接等常用的材料。冷压端子有各种型号和规格，如图 1.2.8 所示。

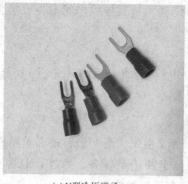

(a) U型冷压端子　　　　　　　　　(b) 管型冷压端子

图 1.2.8　冷压端子(线鼻子)

4. 接线端子排

接线端子排是用于实现电气连接的一种配件产品，如图 1.2.9 所示，是为了方便导线的连接而产生的。接线端子可以分为插拔式接线端子系列、栅栏式接线端子系列、弹簧式接线端子系列等。接线端子排两端都有孔，用于插入导线，用螺丝可以紧固或者松开，而不必把它们焊接起来或者缠绕在一起，使用方便快捷。

图 1.2.9　接线端子排

5. 号码管

号码管是识别电线电缆的标志，以保证电线电缆正确连接、安装和安全运行，以及方便维修保养。空白号码管由 PVC 软质塑料制成，套在导线的接头端作为导线标记，如图 1.2.10 所示。

图 1.2.10　号码管

6. 扎线带和固定盘

扎线带又称扎带、束线带、锁带，其可以把一束导线紧扎到一起。其种类繁多，如按材质划分，扎线带一般可分为尼龙扎线带、不锈钢扎线带、喷塑不锈钢扎线带，如图1.2.11所示。固定盘上有小孔，背面有黏胶，用来配合扎线带使用。

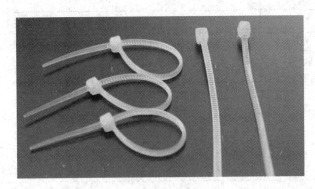

图 1.2.11　扎线带

还有其他的一些安装附件，比如缠绕管、热收缩套管等。缠绕管也叫作胶管护套、螺旋护套，用于缠绕和保护控制柜中裸露的导线部分，一般由 PVC 软质塑料制成，实物如图1.2.12所示。热收缩套管比较柔软，具有遇热收缩、阻燃、绝缘防蚀等特殊功能，广泛应用于各种线束、焊点的绝缘保护，使用方便。

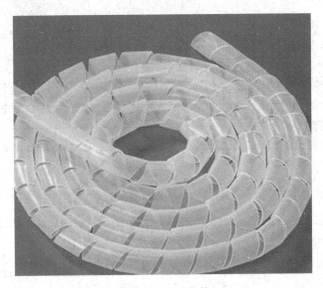

图 1.2.12　缠绕管

六、文件存档

本任务学习完毕，将电动机连续运行控制线路安装工艺流程按顺序整理于任务工单中进行存档，见表1.2.4。

表 1.2.4　任务工单：电动机连续运行控制线路安装

院系		班级		姓名		学号	
日期		地点		教师		课时	
课程名称							
实训任务			电动机连续运行控制线路安装				
实训目的							
工具设备							
任务分工与计划							
绘制电气元件布置图和电气安装接线图							

电气元件检测	操作项目		操作步骤		结　果		
	实物认知		铭牌/型号				
			外观检查				
	仪表检测		触点通断				
			相间绝缘				

电气元件检测及安装步骤							
任务重点和要点							
存在问题和解决方法							

任务评价

电动机连续运行控制线路安装任务评价表如表 1.2.5 所示。

表 1.2.5　任务评价表：电动机连续运行控制线路安装

组名/组员				班级	
任务名称		电动机连续运行控制线路安装		得分	
序号	主要内容	考核要求	评分细则	配分	赋分
1	实物认知	认识名称、型号及参数意义	1. 识别 5 分 2. 型号和参数 5 分	10	
2	电气元件检测	按正确步骤和要求进行电气元件检测，并做好记录	1. 外观检测 10 分 2. 触点通断检测 10 分 3. 相间绝缘检测 10 分	30	
3	电气元件安装			30	
任务得分(70 分)					
4	安全操作			20	
5	文明操作			10	
职业素养与操作规范得分(30 分)					
总得分(100 分)					

任务拓展

请在完成本任务的基础上，按照给定的电动机正/反转控制线路原理图，自行完成其安装接线的工艺制作工作。

任务三　电气控制系统调试方法

任务描述

按照电动机控制线路功能要求，对控制线路进行系统调试和故障排查，以确保控制线路性能完好。

1. 任务目标

（1）掌握电动机控制线路不通电检测方法与实施。

（2）掌握电动机控制线路通电试车检测方法与实施。

（3）掌握电动机控制线路的常见故障排查方法与实施。

（4）能根据线路故障现象进行故障排查。

2. 任务步骤

（1）对已安装好的电动机控制线路进行不通电检测。

（2）对已安装好的电动机控制线路进行通电试车检测。

(3) 依据线路故障现象进行故障排查。

3. 实训工具、仪表和器材

(1) 实训工具：螺钉旋具(大十字、大一字、小一字)、剥线钳、尖嘴钳和镊子等。

(2) 仪表：数字万用表一套。

(3) 实训器材：安装完毕的电控板一块。

4. 安全操作

(1) 遵守实训室规章制度和安全操作规范。

(2) 初学者尽量采用"通电看现象，断电查故障"的排除故障方法。

(3) 上电试车或检修需经老师允许；若有异常，则应立即停车。

(4) 工作结束，关闭电源和万用表。

知识储备

电气控制线路调试是制作好的电控板(电气控制板)在投入使用前必经的步骤。制作好的电控板必须经过认真检查后才能通电试车，且通电试车成功后才算是合格的。

一、调试前的准备工作

1. 调试前应掌握的内容

调试前必须了解各种电气设备和整个电气控制系统的功能；掌握调试的方法和步骤。

2. 做好调试前的检查工作

(1) 根据电气原理图和电气安装接线图、电气元件布置图检查各电气元件的位置是否正确，并检查电气元件外观有无损坏；各触点接触是否良好；导线的选择是否符合要求；电控板内和板外的接线是否正确、可靠及接线的各种具体要求是否达到；电动机有无卡壳现象；各种操作、复位机构是否灵活；保护电器的整定值是否达到要求等。

(2) 用兆欧表对电动机和连接导线进行绝缘电阻检查，应分别符合各自的绝缘电阻要求，如连接导线的绝缘电阻不小于 7 MΩ 等。

(3) 检查各开关按钮、行程开关等电气元件是否处于原始位置；调速装置的手柄是否处于最低速位置。

二、电气控制板的调试

在调试前的准备工作完成之后方可进行调试工作，主要工作有不带电检测、空载试车和带载试车。若电控板的不通电检测结果正常，则可进行通电试车检测。通电试车检测包括空载试车和带载试车，应先进行空载试车，后进行带载试车。

1. 不通电检测

制作好的电控板在上电试车前必须经过不通电检测(即切断安装线路板的供电电源)，以防错接、漏接及电气故障引起电路动作不正常，甚至造成短路事故。不通电检测主要从外观检测和仪表检测两个方面进行。

2. 空载试车(不接电动机)

空载试车时，断开主电路，接通电源开关，使控制回路空操作，以检查控制电路的工作情况。如:按钮对继电器、接触器的控制作用;自锁、互锁的功能;行程开关的控制作用;时间继电器的延时时间等。

3. 带载试车(接电动机)

在空载试车通过之后,接通主电路即可进行带载试车。首先点动检查各电动机的转向及转速是否符合要求;然后调整好保护电器的整定值进行整体试车检查。

4. 电控板调试注意事项

(1)调试人员在调试前必须熟悉控制系统的结构、实现功能、操作规程和工作要求。

(2)通电时,先接通总电源,后接通其他电源;断电时,断电顺序则相反。

(3)通电后,注意观察各种现象,随时做好停车准备,以防意外事故发生。如有异常,则应立即停车和切断供电电源,待查明原因后再继续进行调试。未查明原因,不得强行送电。

三、故障排查

进行电气控制线路调试时,若遇到异常现象,则应立即切断电源,分析故障原因,仔细检查电路,排除故障,在老师的允许下才能再次通电试车调试。一般的故障检修步骤及方法如下。

1. 故障调查

故障调查方法主要有望、问、切、听几个步骤。

(1)望:观察熔断器的熔体是否熔断;电气元件有无发热、烧毁、熔点熔焊、接线松动、脱落及断线等。

(2)问:向有关操作人员询问控制线路的故障情况,了解故障现象,比如是否有异常误动作、声音、气味、打火和烟雾等;是否有过维护、维修或线路改动等。

(3)切:线路发生故障时,立即切断电源,触摸有关电气元件,发现是否有局部温度过热现象。

(4)听:倾听电动机、变压器和电气元件运行时的声音是否正常。

2. 故障排查

常用故障排查方法有以下几种。

1)直观理论推断法

直观理论推断法是根据电路、设备的结构及工作原理直观推断出电气控制线路故障的原因。

该方法直观快捷,但前提是要求操作人员理论扎实,调试经验丰富,对被检测电路、设备的结构和工作原理了如指掌。

采用直观理论推断法排查故障的步骤为:首先从主电路着手,查看拖动该设备的电动机是否正常;然后逆着电流方向检查主电路的触点系统、热元件、熔断器、隔离开关及电路本身是否有故障;接着结合主电路与二次电路之间的控制关系,检查控制电路的电路接头、自锁和互锁触点、电磁线圈等是否正常,从而找出故障点,比如一般的线头脱落、主触点接错、线圈烧毁、熔芯烧断等故障范围能快速检查出来;最后结合控制电路的控制关系,进一步直观查找可能存在的电路接头、自锁和互锁等故障点。

　　如图 1.3.1 所示为电动机连续运行控制线路原理图,下面以电动机连续运行控制线路为例介绍直观理论推断法。假设电路故障现象是按下启动按钮 SB2,接触器 KM1 不吸合。

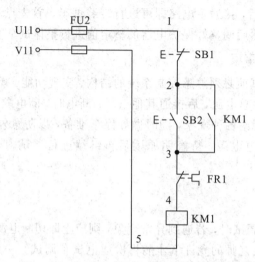

图 1.3.1　电动机连续运行控制线路原理图

　　根据直观理论推断法可以分析出该故障原因有两个可能,一是供电电源故障,二是控制电路断路。

　　具体方法为:首先从主电路着手,拖动该设备的电动机不运行;然后逆着电流方向检查,接触器主触点不吸合,热元件、熔断器、隔离开关及电路本身没问题;接着结合主电路与二次电路之间的控制关系,推断可能是接触器线圈没通电,即控制电路断路故障;进一步检查控制电路的电路接线问题,从而找出故障点。一般是线头脱落、启动按钮接线或者是接触器线圈接线错接等问题,这样故障点就能快速检查出来。

　　2)电气元件动作观察法

　　电气元件动作观察法是在直观理论推断法查不出故障时用的,但前提是不要造成损失。具体步骤为:首先切断主电路电源,让电动机停转;然后接通控制电路供电电源,操作执行电气元件,检查其动作后的情况,如有异常,故障点就在这个电气元件处,即可进一步排除故障。

　　3)仪表测量法

　　仪表测量法是利用合适的电工仪表测量电路中的电阻、电流、电压等参数,以进行故障判断。常用的方法有:

　　(1)电压测量法。电压测量法是根据电压值来判断电气元件和电路是否有故障,即在线路不断电的情况下,使用万用表交流电压挡(选合适挡位)测量电路中需要观测的某段电压是否正常。电压测量法常用有分阶测量法和分段测量法。

　　① 分阶测量法。以如图 1.3.2 所示的电动机连续运行控制线路原理图为例,已知电路故障现象是按下启动按钮 SB2,接触器 KM1 不吸合。

　　分阶测量法排查故障步骤为：首先，用万用表测量控制电路供电情况，即测量 5 与 1 两点之间电压，若为 380 V，则正常，否则说明熔断器有问题；然后，按下启动按钮 SB2 不放，同时万用表黑表笔接 5 点不动，红色表笔依次接 4、3、2 点，分别测量 5-4、5-3、5-2 各段的电压。若测得各段的电压为 380 V，则电路正常。若测得 5-4 之间无电压，则说明是断路故障，可将红表笔前移，当移到万用表能正常显示电压为 380 V 的点位时，说明该点以后的触点接线断路，一般为该点之后第一个触点连线断路或错接或脱落。

　　② 分段测量法。电动机连续运行控制电路故障分段测量法原理图如图 1.3.3 所示。分段测量法步骤为：首先用万用表测试 1-5 之间电压，电压若为 380 V，则说明电源电压正常；然后逐段测量 1-2、2-3、3-4、4-5 之间的电压。若除 4-5 之间电压为 380 V 外，其他段电压都为零，则电路工作正常。若测量某段电压为 380 V，则说明该段内的触点及其连线断路，一般是触点错接、连线脱落或接线时压到绝缘层等故障。

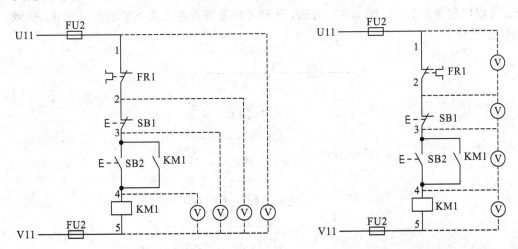

图 1.3.2　连续运行控制线路原理图　　图 1.3.3　连续运行控制线路故障分段测量法原理图

　　注意：以上方法是带电操作，比较危险，需要在实训老师的指导和监护下进行。

　　（2）电阻测量法。电阻测量法是在电路不通电的情况下进行的，此方法较安全，便于学生使用。

　　电阻测量法是在电路不通电情况下，用万用表电阻挡按照一定要求，对电路进行测量，观察所测电阻是否符合要求，若异常，则应立即检查该段电路连线是否存在故障。常用的电阻测量法有分阶电阻测量法和分段电阻测量法。

　　① 分阶电阻测量法。以图 1.3.4 为例，已知电路故障现象是按下启动按钮 SB2，接触器 KM1 不吸合。

　　分阶电阻测量法步骤为：首先断开电源，按下启动按钮 SB2 不放，用万用表 2 kΩ 电阻挡测量 1-5 之间电阻，若电阻值无穷大，则说明电路断路；然后，用万用表一表笔接触于 5 点不动，另一表笔逐个测量 4、3、2 各点的电阻值，若测量某点时电阻突然增大，则说明此点与前一点之间的连线断路或接触不良，进一步排查此处触点连线即可查出故障点。

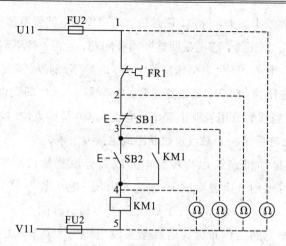

图 1.3.4　连续运行控制线路故障分阶电阻测量法原理图

　　② 分段电阻测量法。以图 1.3.5 为例，已知电路故障现象是按下启动按钮 SB1，接触器 KM1 不吸合。

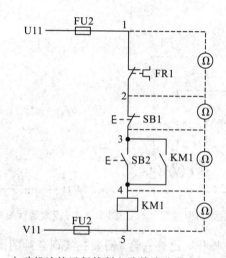

图 1.3.5　电动机连续运行控制电路故障分段电阻测量法原理图

　　分段电阻测量法步骤为：先断开电源，按下启动按钮 SB1 不放，用万用表 200 Ω 电阻挡测量 1 - 5 之间电阻，若电阻值无穷大，则说明电路断路；然后，用万用表笔分段测量 4 - 3、3 - 2、2 - 1 之间的电阻值，若测两点间电阻值很大，则说明这段的连线断路或接触不良，进一步排查此处触点连线即可查出故障点。

任务实施

　　电气控制线路调试主要包括不通电检测和通电试车检测两个阶段。

一、不通电检测

　　不通电检查是对制作好的电控板进行不通电检测，主要包括外观检测和仪表检测两个方面。

1. 外观检测

外观检测的依据是线路原理图和电气安装接线图。

1）电气元件检查

主要检查事项：观察元件的安装位置是否正确、安装方向是否正向、安装是否牢固；元件的操作机构是否灵活；开关、按钮等是否处于原始位置；复位机构是否处于复位状态；保护元件整定值是否符合线路要求。检测完毕将检测结果记录于表 1.3.1 中。

表 1.3.1　电气元件检查记录表

检查内容		是否合格	备注
电气元件安装	位置		
	方向		
	牢固		
复位情况			
整定值			

2）线路检查

主要检查事项：配线选择是否符合要求；接线压接是否牢固以及是否符合接线工艺；接线、线号是否正确无误等。

检查步骤：对照线路原理图和电气安装接线图，先主电路后控制电路，从上到下、从左到右，逐线检查核对。检查完毕将检查结果记录于表 1.3.2 中。

表 1.3.2　线路检查记录表

检查对象	检查内容	是否合格	备注
主电路	导线类型		
	接线是否牢固		
	压线是否合格		
	线号是否正确		
	接线是否齐全		
	接线工艺		
控制电路	导线类型		
	接线是否牢固		
	压线是否合格		
	线号是否正确		
	接线是否齐全		
	接线工艺		

2. 仪表检测

主要检测事项：主电路的通断情况与控制电路的通断情况是否正常。

1) 主电路检测

用万用表 200 Ω 欧姆挡依次测量从上方的电源端(L1、L2、L3)到下方的电动机出线端子(U、V、W)上的每一相和相相之间的电阻值，检测每一相是否存在断路情况和相相之间是否存在短路情况。注意，检测时用手压下接触器衔铁架代替接触器得电吸合。

具体步骤为：

(1) 选择万用表挡位。

(2) 在接线端子排 XT 上选定测量点。

(3) "断"测试。若万用表显示∞，则正常，否则存在短路故障。

(4) "通"测试。若万用表显示趋近于 0Ω，则正常，否则存在断路故障。

(5) "绝缘"测试。若万用表显示∞，则正常，否则存在短路故障。

例如，检测主电路通断情况时，分别在接线端子排 XT 上选定测量段 L1-U、L2-V、L3-W，调整万用表挡位旋钮至 200 Ω 挡。若不对电气元件做任何操作，则选定的 3 个测量段的电阻测量值应为无穷大，即万用表应显示溢出标志 OL(断开状态)；若逐一合闸空气开关 QF 和手动压下接触器 KM1 触点架，则 3 对测量点之间的电阻值应趋近于 0 Ω(接通状态)。检测完毕，将检测结果记录在表 1.3.3 中。

表 1.3.3　主电路通/断检测结果

测试状态(闭合 QF)	测量段	电阻值/Ω	正常与否	备注
"断"测试(无动作)	L1-U			
	L2-V			
	L3-W			
"通"测试 (按住 KM1 触点架不动)	L1-U			
	L2-V			
	L3-W			
"绝缘"测试	L1-L2			
	L1-L3			
	L2-L3			

2) 控制电路检测

控制电路的主要检测内容和步骤如下：

(1) 万用表选取合适挡位。

(2) 选定测量段，进行控制电路功能检测和"断"测试。

（3）启动按钮 SB2、停车按钮 SB1 等按钮的功能检测。

（4）接触器 KM1 自锁触点、互锁触点等的功能检测。

实操举例：用已调整好挡位的万用表的表笔测量 U11、V11 两点之间电阻（视为控制电路的"断"测试），若万用表读数为"∞"即正常，否则存在短路故障；若按住启动按钮 SB2 不动（视为启动按钮 SB2 功能检测），万用表读数应为控制电路负载即接触器 KM1 等线圈的阻值（其阻值大小视控制线路和接触器的不同而不同），则电路正常，否则与启动按钮 SB2 相关联的电路接线存有故障。

按照上述检测内容和步骤进行逐一检测，并将检测结果记录在表 1.3.4 中。

表 1.3.4　控制电路功能检测表

测　试　状　态	测量段	电阻值/Ω	正常与否
"断"测试（无动作）	U11 - V11		
启动按钮测试（闭合 SB2）	U11 - V11		
KM 自锁测试（按住 KM1 不动）	U11 - V11		
停车按钮测试（先按 SB2 不动，再按 SB1）	U11 - V11		

注意：电控板不通电检测前一定要先切断其供电电源。

二、通电试车检测

对于处在实训前期阶段和故障检修经验不足的操作人员，建议通电试车必须得到指导老师或带班师傅的允许并在其监护下方可进行。

若电控板的不通电检测结果正常，则可进入通电试车检测阶段。通电试车检测包括空载试车和带载试车，先进行空载试车，后进行带载试车。

1. 空载试车（不接电动机）

空载试车具体步骤如下：

（1）不接电动机，断开主电路的供电电源，接通控制电路供电电源（或接通电路供电电源，即闭合空气开关 QF）。

（2）检查控制电路的工作情况，如按钮对继电器、接触器的控制作用，自锁、互锁的功能，停车按钮的动作，行程开关的控制作用，时间继电器的延时时间等检查。如有异常，立即切断电源开关（最好物理断电）检查故障原因，查明原因，找出故障。切记，未查明故障原因不得强行送电。

注意：空载试车完毕，应及时切断电路供电电源，并恢复所有操作手柄于原位（断电状态）。

2. 带载试车(接电动机)

若空载试车正常,则进入带载试车阶段。具体步骤如下:

(1) 先接入电动机,后接通电路供电电源。

(2) 按下相应的功能按钮,观察电动机能否正常运行。观察电动机的转速和转向是否符合线路功能要求;按下停车按钮,观察电动机能否按要求正常停止转动。若发现异常,应立即切断电源,进行检修,直至线路恢复正常。切记,未查明故障原因,不得强行送电。

注意: 带载试车完毕,应及时切断电路供电电源,恢复所有操作手柄于原位。

3. 试车注意事项

(1) 通电试车检测必须在指导老师的监护下进行。

(2) 调试前必须熟悉线路结构、功能和操作规程。

(3) 通电时,先接通总电源,后接通分电源;断电时,顺序则相反。

(4) 接入电动机前,确保线路处于断电状态。

(5) 电动机和电控板必须安放平稳,其金属外壳必须可靠接地。

(6) 通电后,注意观察线路运行现象,做好随时停车准备,防止意外事故发生。

三、故障排查

常用故障排查方法有理论推断法、元件动作观察法和仪表测量法。选用其中一种方法确定故障点后,即可进行故障排除,再次进行通电试车调试,直到试车成功运行。一般故障排查步骤是先根据故障调查方法(望、问、切、听)进行故障调查,然后进行下一步的排查。若控制线路上电后出现异常情况,则应立即切断电源,按照常用故障排查方法进行故障排除。

故障排除后,将故障现象与结果记录于故障排查表 1.3.5 中。

表 1.3.5　故障排查表

故障回路	故障描述	故障点	排除与否
主电路			
控制电路			

四、文件存档

本任务学习完毕,将电动机连续运行控制线路调试工艺流程按顺序整理于任务工单中,进行存档,见表 1.3.6。

表 1.3.6　任务工单：电动机连续运行控制线路调试

院系		班级		姓名		学号	
日期		地点		教师		课时	
课程名称							
实训任务		电动机连续运行控制线路调试					
操作要求							
任务分工与计划							
操作内容	具体内容	操 作 步 骤					
	不通电检测						
	通电试车检测						
	故障排查						
调试与故障排查结果汇总							
任务重点和要点							
存在问题和解决方法							

任务评价

电动机连续运行控制线路调试任务评价表如表 1.3.7 所示。

表 1.3.7　任务评价表：电动机连续运行控制线路调试

组名/组员				班级	
任务名称		电动机连续运行控制线路调试		得分	
序号	主要内容	考核要求	评分细则	配分	赋分
1	不通电检测	能按正确步骤和要求进行检测并正确分析问题	1. 步骤和结果正确 20 分 2. 问题分析正确 10 分	30	
2	通电试车检测	按正确步骤和要求进行通电试车	1. 空载试车一次成功 10 分 2. 带载试车一次成功 10 分	20	
3	故障排查	按正确步骤和要求进行故障排查	1. 会分析故障 5 分 2. 排查故障 10 分 3. 排除故障 5 分	20	
任务得分(70 分)					
4	安全操作			20	
5	文明操作			10	
职业素养与操作规范得分(30 分)					
总得分(100 分)					

任务拓展

请在完成本任务学习的基础上,自行完成电动机正/反转控制线路调试工艺流程制作工作。

课程思政

本模块主要介绍了电气控制系统图的基本知识、电气控制系统的安装工艺及其调试方法。通过本模块的学习,学生能够掌握电气控制电路的基本理论和工艺流程。

在进行电气控制系统的讲解时,给出电气系统图的相关国家统一标准,将国家行业标准融入到教学当中,可以培养当代大学生的专业标准意识和工匠精神,以便将来更好服务于岗位需求和担当岗位职责。

模块二　常用低压电器的检测与安装

由于低压电器是电气控制系统的基本组成元件，因此电气控制系统的功能是否完善与所用的低压电器的性能和质量有直接关系。有关常用低压电器的结构、基本工作原理、应用场合、主要技术参数、图形符号、检测与装配、安全注意事项等，本模块将做逐一讲解。

知识目标

(1) 熟悉常用低压电器的外形特点、文字符号和基本结构。

(2) 理解常用低压电器的工作原理及其安装方法。

(3) 了解常用低压电器控制电路系统图的绘制原则。

能力目标

(1) 能根据参数要求选择适当规格的低压电器。

(2) 掌握检测常用低压电器的方法与技能。

(3) 能够正确安装常用低压电器及故障排查。

素养目标

(1) 培养学生安全操作、规范操作、文明生产的职业素养。

(2) 培养学生敬岗爱业、精益求精的工匠精神。

(3) 培养学生科学分析和解决实际问题的能力。

任务一　断路器的检测与安装

任务描述

按照任务要求进行低压断路器的型号认知、功能检测与安装，根据接触器故障现象进行故障排查。

1. 任务目标

（1）熟悉低压断路器的外形特点、文字符号和基本结构。

（2）熟悉低压断路器的工作原理及其型号认知。

（3）掌握低压断路器的功能检测方法。

（4）掌握正确拆卸和安装低压断路器的技能。

2. 任务步骤

（1）检测低压断路器的好坏。

（2）按照安装步骤进行低压断路器安装。

（3）根据低压断路器故障现象进行故障排除。

3. 实训工具、仪表和器材

（1）实训工具：螺钉旋具（大十字、大一字、小一字）、尖嘴钳和镊子等。

（2）仪表：数字万用表一套。

（3）器材：低压断路器若干个。

4. 安全操作

（1）遵守实训室规章制度和安全操作规范。

（2）工作结束时要关闭电源和万用表。

（3）离开现场前要整理工作台面。

知识储备

一、低压电器的分类

低压电器是指工作在交流 1200 V、直流 1500 V 电压以下的各种电器设备，是一种能根据外界的信号和要求，手动或自动地接通、断开电路，以实现对电路或非电对象进行切换、控制、保护、检测、变换和调节的元件或设备。

低压电器种类繁多，有多种分类方式。常用的分类方法有以下几类。

1. 按用途和控制对象分类

低压电器按用途和控制对象分类，可分为低压配电电器和低压控制电器。

（1）低压配电电器：低压配电电器主要用于低压配电系统和动力回路（或称主回路），常用的有刀开关、转换开关、断路器和熔断器。

（2）低压控制电器：低压控制电器主要用于电力传输系统中，常用的有接触器、继电器、主令电器等。

2. 按操作方式分类

低压电器按操作方式分类，可分为手动电器和自动电器。

（1）手动电器：其动作是由工作人员手动操作完成的，常用的有刀开关、组合开关及按钮等，实物图如图 2.1.1 所示。

图 2.1.1 手动电器

（2）自动电器：其动作是按照操作指令或参量变化信号自动完成的，常见的有接触器、继电器、熔断器和行程开关等，实物图如图 2.1.2 所示。

图 2.1.2 自动电器

3. 按工作原理分类

低压电器按工作原理分类，可分为电磁式电器和非电量控制电器。

（1）电磁式电器：是依据电磁感应原理工作的电器，包括交直流接触器、各种电磁式继电器、电磁阀等。

（2）非电量控制电器：是指靠外力或某种非电物理量的变化而动作的电器，包括行程开关、按钮、时间继电器、温度继电器、压力继电器等。

二、低压电器的组成与技术参数

1. 常用低压电器的组成

在结构上，低压电器主要由以下三个基本部分组成，分别是电磁机构、触点系统和灭弧系统。

1）电磁机构

电磁机构又称为磁路系统，主要由电磁铁组成，即衔铁、铁芯和电磁线圈三部分组成。

电磁机构的主要工作原理是将电磁能转化为机械能并带动触点动作，从而接通或断开电路。电磁机构的结构形式如图 2.1.3 所示。

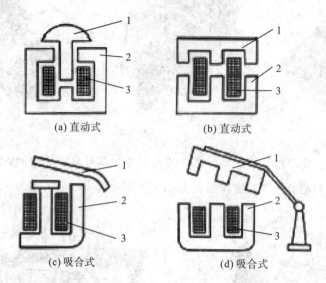

(a) 直动式　　　　　　　　　(b) 直动式

(c) 吸合式　　　　　　　　　(d) 吸合式

1—衔铁；2—铁芯；3—电磁线圈。

图 2.1.3　电磁机构的结构形式

2）触点系统

在有触点的电器中，触点是其执行部分。触点系统的工作原理是通过其触点的闭合、断开来控制电路的通断。触点的结构形式有桥式和指式两种，其中桥式触点又分为桥式点接触和桥式面接触，如图 2.1.4 所示。

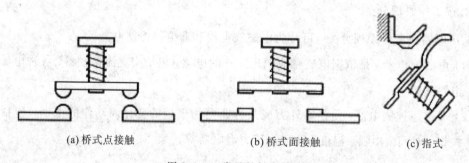

(a) 桥式点接触　　　　　　(b) 桥式面接触　　　　　　(c) 指式

图 2.1.4　常见的触点结构

3）灭弧系统

开关电器切断大电流电路时，触点间会产生蓝色的光柱，即电弧。电弧的危害很多，例如会延长切断故障的时间、烧坏触点或电气绝缘材料，造成电源短路事故等危害，故常需要采取灭弧措施。常见的灭弧措施有吹弧、拉弧、多断口灭弧、介质灭弧等。常采用的灭弧装置有磁吹灭弧装置、灭弧罩、灭弧栅等，如图 2.1.5 所示。

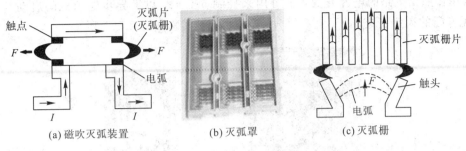

(a) 磁吹灭弧装置　　(b) 灭弧罩　　(c) 灭弧栅

图 2.1.5　灭弧装置

2. 常用低压电器的主要技术参数

1）额定绝缘电压

额定绝缘电压是低压电器最大的额定工作电压，是由低压电器的结构、材料、耐电压等因素决定的名义电压值。

2）额定工作电压

额定工作电压是指低压电器在长时间工作时的正常工作电压值，通常指电气元件主触点的额定电压。此外，有的电气元件还规定了电磁线圈的额定电压值。接触器铭牌上一般都标注了其额定电压值，如图 2.1.6 所示。

3）额定工作电流

额定工作电流是保证电气元件能正常工作的电流值。同一电气元件在不同的使用条件下，有不同的额定工作电流等级。接触器铭牌上一般都标注了其额定工作电流。

图 2.1.6　接触器铭牌

4）通断能力

低压电气元件的通断能力是指在规定的条件下，能可靠接通和分断的最大电流。低压电气元件的通断能力与电气元件的额定工作电压、负载性质、灭弧方法等有密切关系。

三、开关器件的认识与应用

开关器件是最为普通的电器之一，主要用于通断电源。开关常用于不频繁地手动接通和分断电路，或作为机床电路中电源的引入，主要包括刀开关、组合开关、按钮开关、行程开关和接近开关等。

1. 刀开关

刀开关（QS），又称为手柄闸刀式开关，是低压配电电器中结构简单、应用广泛的一种电器，广泛应用于照明电路、小容量（5.5 kW 及以下）的动力电路且不频繁启动的控制电路中，主要作用是为电路接通电源。

1）常见的刀开关

常用刀开关有胶盖闸刀开关、铁壳开关、熔断器式刀开关。

（1）胶盖闸刀开关。胶盖闸刀开关（HK）又称为开启式负荷开关，结构简单，价格低廉，常用作照明电路的电源开关，也可用来控制 5.5 kW 以下异步电动机的启动与停止。因其无专门的灭弧装置，故不宜频繁分、合电路，其实物如图 2.1.7 所示。

图 2.1.7 胶盖闸刀开关实物图

胶盖闸刀开关外形结构和图形符号如图 2.1.8 所示。

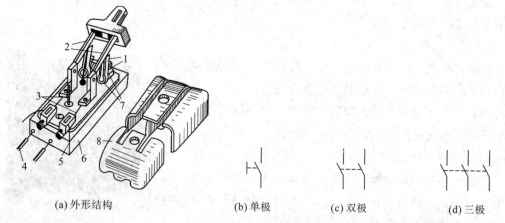

(a) 外形结构   (b) 单极   (c) 双极   (d) 三极

1—电源进线座；2—刀片；3—熔丝；4—电源出线；5—负载接线座；6—瓷底座；7—静触头；8—胶盖。

图 2.1.8 胶盖闸刀开关结构和图形符号

胶盖闸刀开关有多种分类方法，譬如按极数分为单极、双极和三极，其图形符号分别如图 2.1.8(b)～2.1.8(d)所示；按操作方式分为直接手柄操作式、杠杆操作机构式和电动操作机构式；按刀开关可转换的方向分为单投式和双投式。

HK 系列胶盖闸刀开关型号的含义如图 2.1.9 所示。

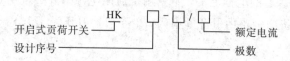

图 2.1.9 HK 系列胶盖闸刀开关型号的含义

（2）铁壳开关。铁壳开关(HH)亦称封闭式负荷开关，主要用于电气线路照明、电加热控制或电力排灌等配电设备中，作为非频繁接通和分断电路用，同时，亦可用于三相交流异步电机的非频繁全压启动的控制开关，其实物如图 2.1.10 所示。

铁壳开关结构如图 2.1.11 所示，其特点为：一是设有联锁装置，保证开关在合闸状态下开关盖不能开启，而开关盖开启时，开关不能合闸，以保证操作安全；二是采用储能分合闸方式，在手柄转轴与底座之间装有速动弹簧，能使开关快速接通与断开，而与手柄操作速度无关，这样有利于迅速灭弧。

图 2.1.10　铁壳开关实物图

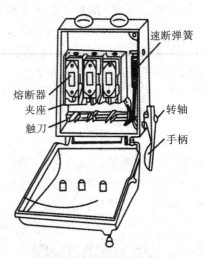

图 2.1.11　铁壳开关内部结构

封闭式铁壳闸刀开关型号的含义如图 2.1.12 所示。

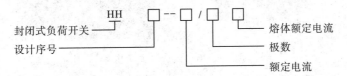

图 2.1.12　封闭式铁壳闸刀开关型号的含义

（3）熔断器式刀开关。熔断器式刀开关（HR）广泛应用于开关柜或与终端电器配套的电气装置中，作为线路或用电设备的电源隔离开关及严重过载和短路保护之用，在回路正常供电的情况下接通和切断电源由隔离刀开关来承担，当线路或用电设备过载或短路时，熔断器的熔体熔断，及时切断故障电流。HR 开关实物如图 2.1.13 所示。

HR 系列熔断器型号的含义如图 2.1.14 所示。

图 2.1.13　熔断器式开关实物图

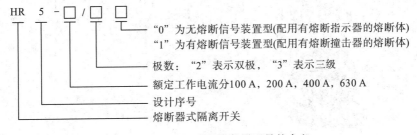

图 2.1.14　HR 系列熔断器型号的含义

2）使用注意事项

（1）参数选择：刀开关的额定电压和额定电流应等于或稍大于电动机的额定电压和额定电流。

（2）刀开关安装：手柄要朝上，不能倒装或平装，倒装时手柄有可能因自重而下滑引起误合闸，造成人身事故安全；不能频繁操作，只能通断小负载。

（3）刀开关接线：将电源线接在熔丝上端，负载线接在熔丝下端，拉闸后刀开关与电源隔离，便于更换熔丝。

2. 组合开关

组合开关（QS）又称转换开关，是一种多挡位、多触点并能够控制多回路的一种手动控制电器。组合开关有单极、双极和三极之分，可用于电源的引入开关，也可以用于 5.5 kW 以下的电动机的启停、正/反转和调速的控制开关。其实物如图 2.1.15 所示。

图 2.1.15　组合开关实物图

1）组合开关的结构

组合开关由分别装在多层绝缘件内的动、静触片组成。动触片装在附有手柄的绝缘方轴上，手柄沿任一方向每转动 90°，触片便轮流接通或分断。为了使开关在切断电路时能迅速灭弧，在开关转轴上装有扭簧储能机构，使开关能快速接通与断开，从而提高了开关的通断能力。其组合结构与图形符号如图 2.1.16 所示。

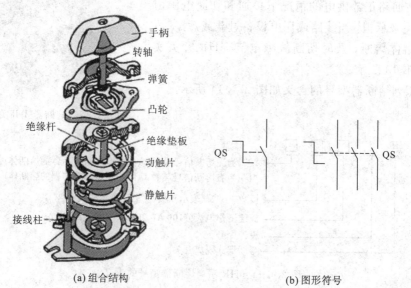

(a) 组合结构　　　　　　　　　　　(b) 图形符号

图 2.1.16　组合开关的组合结构及图形符号

HZ 系列组合开关型号的含义如图 2.1.17 所示。

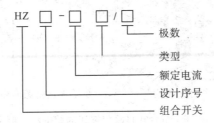

图 2.1.17 HZ 系列组合开关型号的含义

2）使用注意事项

组合开关选用时，其额定电流一般要求等于或大于所分断电路中各个负载额定电流的总和，对于电动机负载，选用额定电流为电动机的 1.5～2.5 倍。组合开关的分断能力较低，一般不用来分断故障电流。组合开关使用注意事项如下：

（1）本身不带过载保护和短路保护，若需要应另设其他保护电器。

（2）用于电动机的可逆运行时，电动机需完全停转后方可反向接通。

（3）每小时的接通次数不宜超过 15～20 次。

3. 按钮开关

按钮开关（SB）又称控制按钮（简称按钮），是一种结构简单，应用十分广泛的主令电器，用于接通或断开辅助电路。按钮开关是靠手动推动其传动机构，使动触点与静触点接通或断开从而实现电路换接，通常用于电路中发出启动或停止指令，以控制电磁启动器、接触器、继电器等线圈电流的接通和断开，从而达到控制电气控制系统的目的。

1）按钮分类

按照按钮的结构，可分为单按钮、复合按钮，以及蘑菇头式、自锁式、自复位式、旋柄式、钥匙式和带指示灯式等按钮，如图 2.1.18 所示为常见按钮实物图。

(a) 旋柄式按钮 　(b) 蘑菇头式按钮 　(c) 自复位按钮 　(d) 带指示灯式按钮

图 2.1.18 常见按钮实物图

其中，组合式自复位按钮的结构和图形符号如图 2.1.19 所示。

2）使用注意事项

按钮的选用应根据使用场合、用途和功能的不同而不同。如根据使用场合不同可选用开启式、防护式、防水式等按钮；如需要显示工作状态则应用带指示灯式；在非常重要场所，为防止无关人员误操作宜选用带钥匙式按钮；用于表示"启动"或"通电"的用绿色按钮，表示"停止"的用红色按钮。按钮使用注意事项如下：

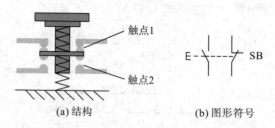

(a) 结构　　　　　　　　　　(b) 图形符号

图 2.1.19　组合式自复位按钮的结构和图形符号

(1) 会辨认按钮的常开触点和常闭触点，否则不能接线。

(2) 安装接线一定要牢靠，其内部空间狭小，若接线脱落，易发生误动作。

(3) 带有指示灯的按钮需确认其工作电压(灯泡)。

4. 行程开关

行程开关(SQ)又称限位开关，是一种常用的小电流主令电器，利用生产机械运动部件的碰撞使其触头动作来实现接通或分断控制电路，达到一定的控制目的。通常，这类开关被用来限制机械运动的位置或行程，使运动机械按一定位置或行程自动停止、反向运动、变速运动或自动往返运动等。

行程开关广泛用于各类机床和起重机械，用以控制其行程和进行终端限位保护。在电梯的控制电路中，利用行程开关来控制开关轿门的速度，自动开关门的限位，轿厢的上、下限位保护。行程开关实物和结构如图 2.1.20 所示。

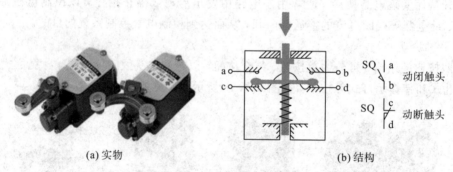

(a) 实物　　　　　　　　　　　　(b) 结构

图 2.1.20　行程开关实物和结构

行程开关按结构分为直动式、滚轮式、微动式 3 种。

(1) 直动式行程开关。直动式行程开关实物和结构如图 2.1.21 所示，动作原理与按钮开关相同，但触点的分合速度取决于生产机械的运行速度，不能用于速度低于 0.4 m/min 的场所。

(2) 滚轮式行程开关。滚轮式行程开关实物和结构如图 2.1.22 所示，分为单滚轮自动复位和双滚轮(羊角式)非自动复位两种，其中双滚轮非自动复位行程开关没有复位弹簧，其上装有两个滚轮，具有两个稳态位置，具有"记忆"功能，在某些情况下可简化线路。

滚轮式行程开关触点动作过程为：当被控机械上的撞块撞击带有滚轮的撞杆时，撞杆会转向右边，开始带动凸轮转动，顶下推杆，使微动开关中的触点迅速动作；当运动机械返回时，在复位弹簧的作用下，各部分动作部件复位。

(3) 微动开关式行程开关。微动行程开关实物和结构如图 2.1.23 所示。

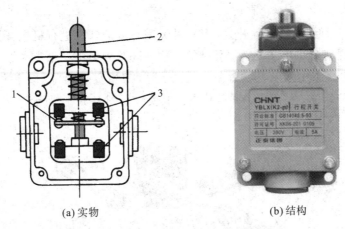

(a) 实物　　　　　(b) 结构

1—动触点；2—静触点；3—推杆。

图 2.1.21　直动式行程开关实物和结构图

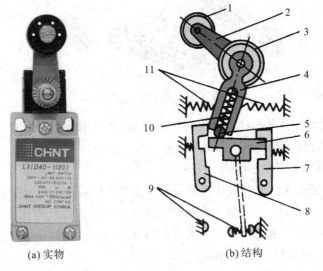

(a) 实物　　　　　(b) 结构

1—滚轮；2—上转臂；3，10，11—弹簧；4—套架；5—滑轮；6—横板；

7，8—压板；9—触点。

图 2.1.22　滚轮式行程开关实物和结构图

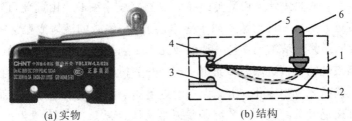

(a) 实物　　　　　(b) 结构

1—壳体；2—弓簧片；3—动合触点；4—动断触点；5—动触点；6—推杆。

图 2.1.23　微动行程开关实物和结构图

5. 接近开关

接近开关是一种无触点行程开关，是一种无需与运动部件进行机械直接接触而可以操作的位置开关，是理想的电子开关量传感器。这种开关大多由一个高频振荡器和一个整形放大器组成，它能无接触又无压力地发出检测信号，具有灵敏度高、频率响应快、重复定位精度高、工作稳定可靠、使用寿命长等优点。其实物如图 2.1.24 所示。

图 2.1.24　接近开关实物图

接近开关广泛地应用于机床、冶金、化工、轻纺和印刷等行业。在自动控制系统中可作为限位、计数、定位控制和自动保护环节等。

1）常见的接近开关种类

（1）涡流式接近开关。涡流式接近开关有时也叫作电感式接近开关，它能产生电磁场，当导电物体接近此开关时，导电物体内部产生涡流，这个涡流反作用于接近开关，使开关内部电路参数发生变化，由此识别出有无导电物体移近，进而控制开关的通或断。这种接近开关所能检测的物体必须是导电体。

（2）电容式接近开关。电容式接近开关的测量端用于构成电容器的一个极板，而另一个极板是开关的外壳。这个外壳在测量过程中通常是接地或与设备的机壳相连接。当有物体移向接近开关时，不论它是否为导体，由于它的接近，电容的介电常数会发生变化，电容容量也会发生变化，从而使开关内部电路参数也随之发生变化，由此便可控制开关的接通或断开。这种接近开关检测的对象不限于导体，可以是绝缘的液体或粉状物等。

（3）霍尔接近开关。霍尔元件是一种磁敏元件。利用霍尔元件做成的接近开关称为霍尔接近开关。当磁性物体接近霍尔接近开关时，开关检测面上的霍尔元件因产生霍尔效应而使开关内部电路状态发生变化，由此识别附近是否有磁性物体存在，进而控制开关的接通或断开。这种接近开关的检测对象必须是磁性物体。

（4）光电式接近开关。利用光电效应做成的接近开关称为光电式接近开关。将发光器件与光电器件按一定方向装在同一个检测装置内，当有反光面（被检测物体）接近时，光电器件接收到反射光后便有信号输出，由此便可感知是否有物体接近。

（5）热释电式接近开关。用能感知温度变化的元件做成的接近开关称为热释电式接近开关。这种开关是将热释电器件安装在开关的检测面上，当有与环境温度不同的物体接近时，热释电器件的输出便发生变化，由此便可检测出有无物体接近。

（6）其他型式的接近开关。当接收器和波源（信号源）的距离发生改变时，接收器接收到的信号的频率会发生变化，这种现象称为多普勒效应。声呐和雷达就是利用这个效应的原理制成的。利用多普勒效应可制成超声波接近开关、微波接近开关等。当有物体移近时，接近开关接收到的反射信号会产生多普勒频移，由此可以识别出有无物体接近。

2）选用注意事项

在一般的工业生产场所，通常都选用涡流式接近开关和电容式接近开关，因为这两种接近开关对环境的要求条件较低。当被测对象是导电物体或可以固定在一块金属物上的物体时，一般都选用涡流式接近开关，因为它的响应频率高，抗环境干扰性能好，应用范围广，价格较低。若所测对象是非金属（或金属）、液位高度、粉状物高度、塑料、烟草等，则应选用电容式接近开关，虽然这种开关的响应频率低，但稳定性好。

安装接近开关时应考虑环境因素的影响。若被测物为导磁材料或者为了区别和它在一起运动的物体而把磁钢埋在被测物体内时，应选用霍尔接近开关，因为它的价格最低。在环境条件比较好、无粉尘污染的场合，可采用光电式接近开关。由于光电式接近开关工作时对被测对象几乎无任何影响，因此，在要求较高的传真机上和烟草机械上都被广泛使用。在防盗系统中，自动门通常使用热释电式接近开关、超声波接近开关、微波接近开关。有时为了提高识别的可靠性，上述几种接近开关往往被复合使用。无论选用哪种接近开关，都应注意对工作电压、负载电流、响应频率、检测距离等各项指标提出要求。

四、低压断路器的认识与应用

1. 低压断路器

低压断路器（QF）又称自动空气开关或自动空气断路器，是低压配电系统和电力拖动系统中非常重要的电器。

1）低压断路器的分类

（1）按极数分，低压断路器可分为单极、两极、三极、四极低压断路器。它可以接通和分断正常负载电流、短路电流，主要用于不频繁操作的低压配电线路或开关控制柜（箱）中，常在低压电路中做总开关，或用于过载、短路和欠电压等保护。其实物如图 2.1.25 所示。

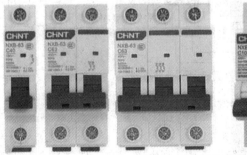

图 2.1.25　低压断路器实物图

（2）按用途和结构分，低压断路器可分为微型低压、塑料外壳式和框架式断路器等，其实物如图 2.1.26 所示。框架式低压断路器主要应用于 40～100 kW 电动机回路的不频繁全压启动，并起到短路、过载、失压保护作用，其额定电压一般为 380 V，额定电流有 200～4000 A 若干种。塑料外壳式低压断路器一般用作配电线路的保护开关以及电动机和照明线路的控制开关等。微型低压断路器一般用于民用设施等。

(a) 微型低压断路器　　　(b) 塑料外壳式低压断路器　　　(c) 框架式低压断路器

图 2.1.26　低压断路器实物图

2）低压断路器的结构

低压断路器主要由触点系统、操作机构和保护元件三部分组成。主触点由耐弧合金制成，采用灭弧栅片灭弧，操作机构较复杂，其通断可用操作手柄操作，也可用电磁机构操作，故障时自动脱扣，触点通断瞬时动作与手柄操作速度无关。低压断路器的结构和图形符号如图 2.1.27 所示。

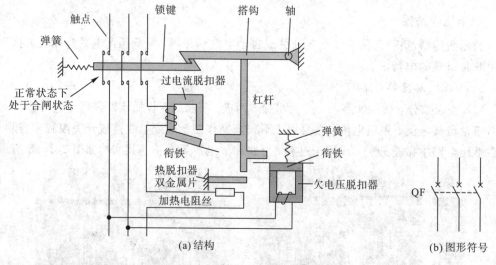

(a) 结构　　　　　　　　　　　　　　　　　　(b) 图形符号

图 2.1.27　断路器结构和图形符号

3）工作原理

由图 2.1.27 可知，其主触点接到被控制电路中，当电路正常工作时，传动杆锁键被锁扣搭钩扣住，电路保持接通状态。当电路工作不正常时，自动跳闸即锁键和搭钩脱扣，进而断路器的动触头和静触头分离，被控电路断电。当电路短路，过电流时，过电流脱扣器动作，其衔铁上移，推动搭钩使断路器脱扣，主触点断开电路。当电路过载时，热脱扣器双金属片向上弯曲使杠杆上移，推动搭钩使接触器脱扣，主触点断开电路。当电路电压降低时，欠电压脱扣器动作，弹簧使其衔铁上移，带动杠杆上移，推动搭钩使接触器脱扣，主触点断开电路。

低压断路器型号及其含义如图 2.1.28 所示。

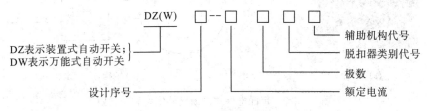

图 2.1.28 低压断路器型号的含义

2. 低压断路器主要参数

低压断路器主要参数有额定电压、额定电流和过载能力。

（1）额定电压：是其正常工作的时的电压等级，常用的有 AC220 V、AC380 V 等。

（2）额定电流：是其持续工作时的工作电流，也是过电流脱扣器的额定电流。

（3）过载能力：是给定电压下接通或分断的最大电流或容量值。

3. 低压断路器的选用原则

低压断路器的选用原则如下：

（1）低压断路器的额定电压 U_N 应大于或等于被保护线路的额定电压。

（2）低压断路器的额定电流应大于或等于被保护线路的计算电流。

（3）低压断路器欠压脱扣器额定电压应等于被保护线路的额定电压。

（4）低压断路器的极限分断能力应大于线路的最大短路电流的有效值。

（5）配电线路中的上、下级断路器的保护参数应协调配合，并且不相交。

（6）选用低压断路器时，要考虑低压断路器的用途，应根据线路要求确定断路器类型。

4. 带漏电保护的低压断路器

带漏电保护的低压断路器是指当人体触电或电器漏电时自动切断电源，保护人生命的设备，主要用于当发生漏电或人身触电时，能迅速切断电源，保障人身安全，防止触电事故。其实物和结构如图 2.1.29 所示。

工作原理为：零线和相线同时从带漏电保护的低压断路器内部的零序电流互感器穿过，零序电流互感器只能检测出单根交流电线的电流，当零线和相线的电流一样大的时候零序电流互感器检测不到电流；当漏电时，零线和相线电流不一样大，零序电流互感器检测到电流并输出信号，由放大器将此信号放大后输送给漏电保护器内部的电磁铁使其动作，电磁铁动作后脱扣器落下，分闸，起到保护作用。

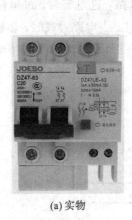

(a) 实物

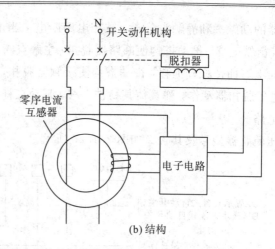

(b) 结构

图 2.1.29 带漏电保护的断路器实物和结构图

任务实施

一、低压断路器检测

1. 实物认知

1) 铭牌检查

铭牌检查是指检查和核实低压断路器的工作电压、电流以及脱扣器电流整定值等参数是否符合要求。断路器的脱扣器整定值等各项参数出厂前已整定好，原则上不准再动。实物如图 2.1.30 所示。

铭牌参数：DZ47—系列微型断路器；60—框架等级为 60 A；C—瞬时脱扣过流倍数按照明类；16—起跳电流 16 A。

2) 外观检查

外观检查是指检查低压断路器在运输过程中有无损坏，紧固件螺丝钉是否齐全，可动部分是否灵活等，如有缺陷，应进行相应的处理或更换。

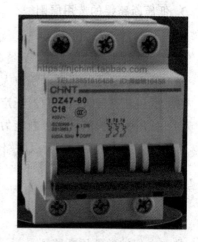

图 2.1.30 低压断路器实物

2. 仪表检测

1) 触点通断检测

在低压断路器不通电的情况下，用万用表电阻挡（或蜂鸣器挡）检测触点的通断情况是否良好，通状态时万用表显示的电阻值应为 0 Ω，断状态时万用表显示的电阻值应为无穷大。即低压断路器分闸（OFF）时，测量同极进线端与出线端间的断情况，低压断路器合闸（ON）时，测量同极进线端与出线端之间的通情况。电气元件检测完毕，将检测结果填入表 2.1.1 中。

表 2.1.1　　断路器触点通断检测表

测量点	电阻值/Ω	结　果	正常与否
L1 - U11			
L2 - V11			
L3 - W11			

2）相间绝缘检测

用 500 V 兆欧表检测低压断路器相与相、相与地之间的绝缘电阻，绝缘电阻应不小于 10 MΩ，否则需进一步处理。

断路器检测

二、低压断路器装配

低压断路器装配需要按照电气控制系统线路安装工艺标准进行安装，应按规定垂直安装，其上、下连接导线要使用规定截面的导线（或母线），遵循上进下出接线原则。

安装注意事项：

（1）安装前，应检查低压断路器铭牌上所列的技术参数是否符合使用要求。

（2）固定低压断路器时，其铭牌文字应正向朝上，底板应垂直于水平位置。

（3）为防止发生飞弧现象，安装时应考虑低压断路器的飞弧距离。

（4）安装完毕后，应检查低压断路器工作的准确性和可靠性。

接触器安装

三、断路器常见故障与排查

低压断路器常见故障是触点不通或触点长通。在操作过程中，若出现异常现象，应立即逐个排查触点和紧固件螺丝钉，直至排查出故障，并填写测试记录表，如表 2.1.2 所示。

表 2.1.2　　断路器测试记录表

测试状态	测量点	电阻值/Ω	正常与否

四、文件存档

本任务学习完毕后，将器件材料配置清单和检测记录等材料按顺序归纳于任务工单中进行存档，如表2.1.3所示。

表2.1.3　任务工单：低压断路器检测与安装

院系		班级		姓名		学号	
日期		地点		教师		课时	
课程名称							
实训任务			低压断路器检测与安装				
实训目的	元件外形、结构和功能认知；仪表测试；安装步骤						
工具设备 准备							
任务分工 与计划							
断路器检测	操作项目		操作步骤			结　果	
	实物认知		铭牌/型号：				
			外观检查：				
	仪表检测		触点通断：				
			相间绝缘：				
检测记录	实物认知： 触点通断： 相间绝缘：						
安装步骤 及注意事项							
任务重点 和要点							
存在问题 和解决方法							

任务评价

低压断路器检测与安装任务评价见表 2.1.4。

表 2.1.4　任务评价表：低压断路器检测与安装

组名/组员				班级	
任务名称		低压断路器检测与安装		得分	
序号	主要内容	考核要求	评分细则	配分	赋分
1	实物认知	认识名称、型号及参数意义	1. 识别 5 分 2. 型号和参数 5 分	10	
2	电气元件检测	按正确步骤和要求进行器件检测，并做好记录	1. 外观检测 10 分 2. 触点通断检测 10 分 3. 相间绝缘检测 10 分	30	
3	电气元件安装			30	
任务得分(70 分)					
4	安全操作			20	
5	文明操作			10	
职业素养与操作规范得分(30 分)					
总得分(100 分)					

任务拓展

请在完成本任务的基础上，自行完成对按钮及行程开关的识别、检测和安装，并进行记录。

任务二　接触器的检测与安装

任务描述

按照任务要求进行接触器型号认知、功能检测与安装，根据故障现象进行故障排查。

1. 任务目标

（1）熟悉接触器的外形特点、文字符号和基本结构。

（2）熟悉接触器的工作原理及其型号认知。

（3）掌握接触器的检测方法。

（4）掌握接触器的安装技能。

2. 任务步骤

（1）检测接触器的好坏。

（2）按照步骤进行低压接触器的安装。

（3）根据故障现象进行故障排查。

3. 实训工具、仪表和器材

（1）实训工具：螺钉旋具（大十字、大一字、小一字）、尖嘴钳和镊子等。

（2）仪表：数字万用表一套。

（3）器材：接触器若干个。

4. 安全操作

（1）遵守实训室规章制度和安全操作规范。

（2）工作结束时要关闭电源和万用表。

（3）离开现场前要整理工作台面。

知识储备

一、熔断器

熔断器（FU）是指当电流超过规定值时，以本身产生的热量使熔体熔断从而断开电路的一种电器。熔断器广泛应用于高低压配电系统和控制系统以及用电设备中，主要用于线路或设备的短路保护。其实物如图 2.2.1 所示。

图 2.2.1　熔断器实物图

1. 熔断器的分类

熔断器主要分为插入式熔断器、螺旋式熔断器、封闭式熔断器、快速熔断器、自复熔断器。常用熔断器的结构和图形符号如图 2.2.2 所示。

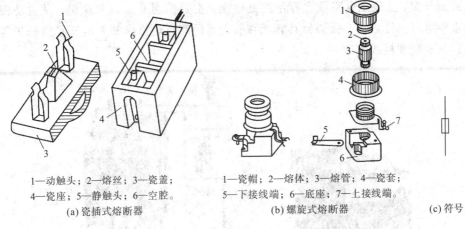

1—动触头；2—熔丝；3—瓷盖；　　　1—瓷帽；2—熔体；3—熔管；4—瓷套；
4—瓷座；5—静触头；6—空腔。　　　5—下接线端；6—底座；7—上接线端。
(a) 瓷插式熔断器　　　　　　　　　(b) 螺旋式熔断器　　　　(c) 符号

图 2.2.2　常用熔断器的外形结构及图形符号

2. 熔断器的型号含义

熔断器的型号含义如图 2.2.3 所示。

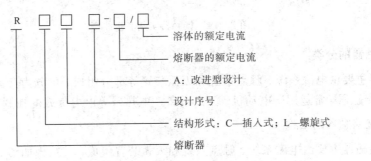

图 2.2.3　熔断器的型号含义

3. 熔断器的选用

对于无冲击电流的电路，如照明电路要求：

$$I_{FU} \geqslant I \qquad （I \text{ 为电路的最大电流}）$$

对于有冲击电流的电路，如电动机的启动要求：

$$I_{FU} \geqslant (1.5 \sim 3) I_{NM}$$

若有几台电动机共用一熔断器，则要求：

$$I_{FU} \geqslant (1.5 \sim 2.5) I_{NM} + \sum I_{NM}$$

4. 熔断器的使用注意事项

(1) 正确选用熔芯和熔断器，不同功能电路应分别单独装设熔断器。

(2) 会使用仪表检测熔断器的触点通断和绝缘情况，确保其完好。

(3) 更换熔芯时应先切断电源，再更换相同规格的熔芯，严禁随意更变参数。

二、接触器

接触器(KM)是机床电气控制系统中广泛使用的一种低压控制电器，用于远距离频繁地接通或断开交、直流主电路及大容量控制电路，主要控制对象是电动机，是自动控制系统中的重要电气元件之一。接触器具有能够实现远距离自动操作和欠电压释放保护等功能与优点。其实物和接线图如图 2.2.4 所示。

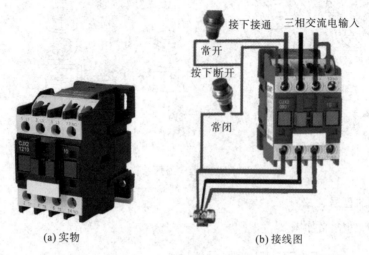

(a) 实物　　　　　　　　　　(b) 接线图

图 2.2.4　接触器实物和接线图

1. 接触器的分类

接触器主要由电磁系统、触点系统和灭弧装置等部分组成，可分为交流(AC)接触器和直流(DC)接触器，常运用于电动机、工厂设备、电热器等电力负载的控制。

2. 交流接触器的结构

交流接触器主要由电磁系统、触点系统和灭弧装置组成，其结构如图 2.2.5 所示。

1) 电磁系统

电磁系统用于实现交流接触器触点的闭合与断开，主要由线圈、铁芯和衔铁组成。交流接触器的铁芯一般由硅钢片叠压而成，当电磁线圈通有交流电时，在铁芯中产生交变磁通，对衔铁产生一种变化的吸力，当磁通变化经过零值时，铁芯对衔铁的吸力也为零，但是由于接触器铁芯上装有短路环，因此衔铁在弹簧反作用力的作用下仍然被铁芯所吸。电磁系统结构如图 2.2.6 所示。

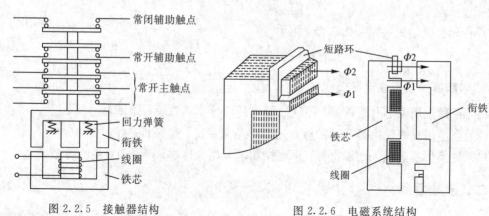

图 2.2.5　接触器结构　　　　　　　　图 2.2.6　电磁系统结构

2）触点系统

触点系统是交流接触器的执行元件，用来接通或断开被控制电路。触点结构形式多样，按所控制的电路可分为主触点和辅助触点。主触点用于接通或断开主电路，允许通过较大电流；辅助触点用于接通或断开控制电路，通过电流较小。触点按其动作状态可分为常开触点（动合触点）和常闭触点（动断触点）。接触器线圈通电或触点架受到外力作用而压下时，其触点均动作，状态相反，即常开触点闭合，常闭触点断开；线圈断电或触点架不受外力时，所有触点均复位，即常开触点断开，常闭触点闭合。接触器的图形与文字符号如图 2.2.7 所示。

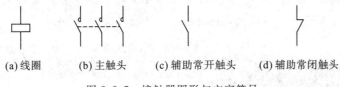

(a)线圈　　　(b)主触头　　(c)辅助常开触头　(d)辅助常闭触头

图 2.2.7　接触器图形与文字符号

3）灭弧装置

电弧是触点间气体在强电场作用下产生的放电现象，会发光发热，灼伤触点，并使电路切断时间延长，甚至会引起其他事故。交流接触器在分断大电流电路或高压电路时，在动、静触点之间会产生很强的电弧。因此，使接触器电弧迅速熄灭至关重要，常采用的灭弧方法有电动力灭弧、双断口灭弧、纵缝灭弧、栅片灭弧。

3. 接触器型号及主要技术参数

1）型号含义

接触器的型号含义如图 2.2.8 所示。

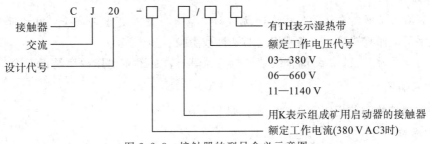

图 2.2.8　接触器的型号含义示意图

2）主要技术参数

交流接触器的主要参数为额定电压和额定电流。

额定电压：交流接触器常用的额定电压等级有 127 V、220 V、380 V、660 V。

额定电流：交流接触器常用的额定电流等级有 10 A、20 A、40 A、60 A、100 A、150 A、250 A、400 A、600 A。

4. 接触器的选用和注意事项

（1）依据控制电路性质选用正确类型的接触器。

（2）按照控制电路要求选用合适型号的接触器，注意触点数量需求。

（3）安装前应检查其型号、外观和各组成部件，确保完好无误。

（4）安装完毕，应再次检查接触器外观和功能，确保正确无误。

任务实施

一、接触器的检测

1. 实物认知

1）铭牌检查

接触器参数较多，在其外壳上会标注重要参数，即铭牌参数。铭牌检查就是检查、核实交流接触器铭牌上的标注参数是否符合要求，如图 2.2.9 所示。

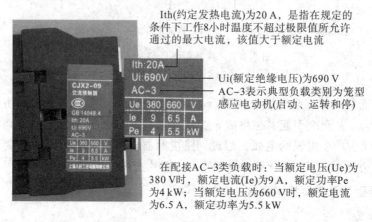

Ith(约定发热电流)为20 A，是指在规定的条件下工作8小时温度不超过极限值所允许通过的最大电流，该值大于额定电流

Ui(额定绝缘电压)为690 V

AC-3表示典型负载类别为笼型感应电动机(启动、运转和停)

在配接AC-3类负载时：当额定电压(Ue)为380 V时，额定电流(Ie)为9 A，额定功率Pe为4 kW；当额定电压为660 V时，额定电流为6.5 A，额定功率为5.5 kW

图 2.2.9　接触器铭牌参数

2）外观检查

首先，检查接触器在运输过程中有无损坏，紧固件螺丝钉是否齐全，可动部分如触点架是否灵活等，如有缺陷，应进行相应的处理或更换。

其次，检查触点数目、线圈接线端子位置及其标注的额定电压频率是否正确。

2. 性能检测

接触器性能检测使用万用表的欧姆挡进行。

1）触点检测

在不通电的情况下，用万用表电阻挡检测接触器触点的通断情况是否良好，通状态时万用表显示的电阻值应为 0 Ω，断状态时万用表显示的电阻值应为无穷大。检测后要在不带电的情况下合、分接触器数次，检验其动作准确可靠后再投入使用。接触器触点检测完毕，将检测结果填入表 2.2.1 中。

表 2.2.1　接触器触点检测记录表

测量点	电阻值/Ω	结　果	正常与否
主触点 1			
主触点 2			
主触点 3			
动合触点			
动断触点			

2）线圈检测

用万用表欧姆挡（一般为 2 kΩ 挡）进行检测，找到线圈的两个接线柱 A1 和 A2 即可测量。在正常情况下，接触器线圈的电阻值在几百欧姆。若线圈阻值非常大（如∞），则为线圈断路故障；若线圈阻值非常小（如约为 0 Ω），则为线圈短路故障。

接触器仪表检测

3）绝缘电阻检查

用 500 V 兆欧表检查断路器相与相、相与地之间的绝缘电阻，绝缘电阻应不小于 10 MΩ，否则需进行进一步处理。

二、接触器安装

接触器安装需要遵循电气控制系统线路安装工艺标准进行安装，应按规定垂直安装，其上、下连接导线要使用符合规格的导线，遵循上进下出接线原则。

安装注意事项：

（1）安装前，应检查其型号、外观和各组成部件，确保完好无误。

（2）正向安装，确保其正面文字符号正向朝上，底板应垂直于水平位置。

（3）安装完毕后，应检查接触器工作的准确性和可靠性。

接触器安装

三、接触器常见故障与排查

接触器常见故障是触点不通或触点长通。在操作过程中，若出现异常现象，应立即逐个排查触点和紧固件螺丝钉，直至排查出故障，并填写测试记录表，如表 2.2.2 所示。

表 2.2.2　接触器测试记录表

测试状态	测量点（段）	电阻值/Ω	正常与否

四、文件存档

本任务学习完毕后，将所用器件材料配置清单和检测记录等材料按顺序归纳于任务工单中进行存档，见表 2.2.3。

表 2.2.3　任务工单：接触器检测与安装

院系		班级		姓名		学号	
日期		地点		教师		课时	
课程名称							
实训任务			接触器检测与安装				
实训目的	电气元件外形、结构和功能认知；性能测试；安装步骤						
工具设备准备							
任务分工与计划							

接触器检测	操作项目	操作步骤			结　果		
	实物认知	型号：					
		铭牌：					
	性能检测						

性能检测记录	外观铭牌： 操作器件： 触点通断： 相间绝缘：
安装步骤及注意事项	
任务重点和要点	
存在问题和解决方法	

任务评价

接触器检测与安装任务评价见表 2.2.4。

表 2.2.4　任务评价表：接触器检测与安装

组名/组员				班级	
任务名称	接触器检测与安装			得分	
序号	主要内容	考核要求	评分细则	配分	赋分
1	实物认知	认识名称、型号及参数意义	1. 识别 5 分 2. 型号和参数 5 分	10	
2	电气元件检测	按正确步骤和要求进行器件检测，并做好记录	1. 外观检测 5 分 2. 仪表检测 10 分 3. 触点通断检测 10 分 4. 相间绝缘检测 5 分	30	
3	电气元件安装			30	
任务得分(70 分)					
4	安全操作			20	
5	文明操作			10	
职业素养与操作规范得分(30 分)					
总得分(100 分)					

任务拓展

请在完成本任务的基础上，自行完成对熔断器的识别、检测和安装，并进行记录。

任务三　继电器的检测与安装

任务描述

按照任务要求进行常用低压继电器的型号认知、功能检测与安装，并根据继电器的故障现象进行故障排查。

1. 任务目标

(1) 熟悉常用继电器的外形特点、文字符号和基本结构。

(2) 熟悉常用继电器的工作原理及其型号识别。

(3) 掌握常用继电器的检测方法。

(4) 掌握常用继电器的安装技能。

2. 任务步骤

(1) 检测常用继电器的好坏。

(2) 按照安装步骤进行常用继电器的安装。

（3）根据常用继电器故障现象进行故障排查。

3. 实训工具、仪表和器材

（1）实训工具：螺钉旋具（大十字、大一字、小一字）、尖嘴钳和镊子等。

（2）仪表：数字万用表一套。

（3）器材：常用继电器若干个。

4. 安全操作

（1）遵守实训室规章制度和安全操作规范。

（2）工作结束时要关闭电源和万用表。

（3）离开现场前要整理好工作台面。

知识储备

继电器（Relay）是一种电子控制器件，是当输入量（激励量）的变化达到规定要求时，在电气输出电路中使被控量发生预定的阶跃变化的一种电器。继电器通常应用于自动化控制电路中，在电路中起着自动调节、安全保护、转换电路等作用。

继电器的种类很多，按输入量可分为热继电器、时间继电器、速度继电器、电压继电器、电流继电器、中间继电器、压力继电器等。下面介绍几种常用的继电器。

一、电流继电器

电流继电器（KI）是电力系统继电保护中常用的元件。电流继电器具有接线简单，动作迅速、可靠，维护方便，使用寿命长等优点，作为保护元件广泛应用于电动机、变压器和输电线路的过载与短路的继电保护线路中。其实物和电路原理图如图 2.3.1 所示。

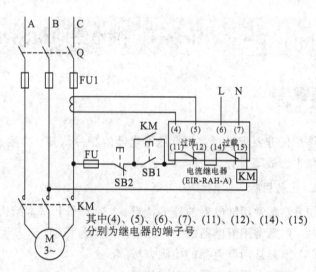

图 2.3.1　电流继电器实物及其应用电路图

1. 工作原理

电流继电器用于检测电路电流的变化，其检测对象是电路或主要电器部件电流的变化情况,在使用时,与电路串联,当电流超过(或低于)某一整定值时,继电器动作,完成继电器控制及保护作用。

2. 电流继电器分类

(1) 按照结构类型分类,电流继电器分为电磁式电流继电器和静态电流继电器。

(2) 按照安装方式分类,电流继电器分为导轨电流继电器和固定式电流继电器。

(3) 按照电流动作分类,电流继电器分为过电流继电器和欠电流继电器。

3. 电流继电器图形符号

电流继电器图形符号如图 2.3.2 所示。

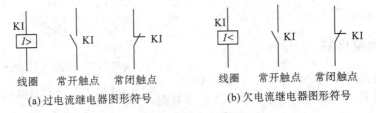

     线圈   常开触点   常闭触点   线圈   常开触点   常闭触点

    (a) 过电流继电器图形符号   (b) 欠电流继电器图形符号

图 2.3.2 电流继电器图形符号

4. 选用注意事项

电流继电器的额定电流应大于或等于被保护电动机的额定电流,电流继电器动作电流一般为电动机额定电流的 1.7～2 倍,对于频繁启动的电动机,电流继电器动作电流要稍大些,约为电动机额定电流的 2.25～2.5 倍。

二、电压继电器

电压继电器(KV)是一种电子控制器件,工作原理类似于电流继电器,即当电路中的电压超过(或低于)某一整定值时,继电器动作,完成继电器控制及保护作用。电压继电器主要用于发电机、变压器和输电线的继电保护装置中,作为过电压保护或低电压闭锁的启动元件。其实物和接线原理图如图 2.3.3 图所示。

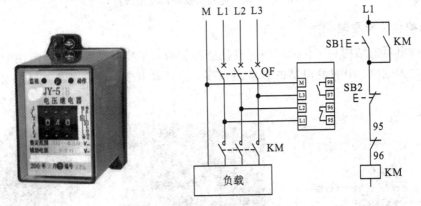

图 2.3.3 电压继电器及其应用电路

1. 工作原理

电压继电器是根据输入线圈的电压大小而动作的电气元件。当电压升至整定值或大于整定值时,继电器就动作,动合触点闭合,动断触点断开。当电压降低到整定值的 0.8 时,继电器就返回，动合触点断开，动断触点闭合，完成继电器控制及保护作用。

2. 电压继电器分类

（1）按结构类型分类，电压继电器分为导轨式结构电压继电器、凸出式插拔结构电压继电器、嵌入式插拔结构电压继电器等。

（2）按电压动作分类，电压继电器分为过电压继电器（表示符号为 $U>$）和欠电压继电器（表示符号为 $U<$）。

（3）按使用方式分类，电压继电器分为有辅助源电压继电器和无辅助源电压继电器。

3. 电压继电器图形符号

电压继电器图形符号如图 2.3.4 所示。

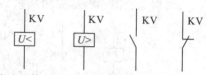

欠电压线圈　过电压线圈　动合触头　动断触头

图 2.3.4　电压继电器图形符号

三、中间继电器

中间继电器（KA）实际上也是电压继电器，与普通电压继电器的不同之处在于，中间继电器有很多组触点，各组触点允许通过的电流大小是相同的，其额定电流约为 5 A，可作为控制开关使用。其电磁线圈所用电源有直流和交流两种。其实物外形和图形符号如图 2.3.5 所示。

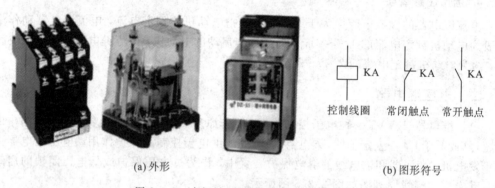

(a) 外形　　　　　　　　　　　　　　(b) 图形符号

控制线圈　　常闭触点　　常开触点

图 2.3.5　中间继电器实物外形和图形符号

1. 结构和工作原理

中间继电器的结构和工作原理与交流接触器类似，主要区别在于：交流接触器的主触点可以通过大电流；中间继电器的触点组数多，并且没有主、辅之分。其结构如图 2.3.6 所示。

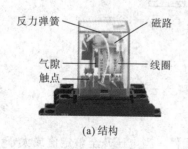

(a) 结构　　　　　　　　(b) 插头　　　　　　　　(c) 底座

图 2.3.6　中间继电器结构图

2. 中间继电器的型号含义

中间继电器的型号含义如图 2.3.7 所示。

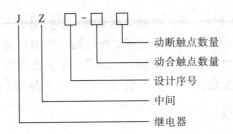

图 2.3.7 中间继电器的型号含义

- 动断触点数量
- 动合触点数量
- 设计序号
- 中间
- 继电器

JZ7 系列中间继电器使用较广泛，其主要参数如表 2.3.1 所示。

表 2.3.1 JZ7 系列中间继电器参数

型号	触点额定电压		触点额定电流/A	触点数量		额定操作频率/(次/小时)	吸引线圈电压/V		吸引线圈消耗功率/(V·A)	
	直流	交流		常开	常闭		50 Hz	60 Hz	启动	吸持
JZ7 - 44	440	500	5	4	4	1200	12、24、36、48、110、127、220、380、420、440、500	12、36、110、127、220、380、440	75	12
JZ7 - 62	440	500	5	6	2	1200			75	12
JZ7 - 80	440	500	6	8	0	1200			75	12

3. 主要用途

在继电保护与自动控制系统中，中间继电器主要用来扩展控制触点的数量和增加触点的容量。在控制电路中，用于控制电路之间信号的传递（将信号同时传给多个控制元件）和同时控制多条线路。具体来说，中间继电器有以下几种用途：① 代替小型接触器；② 增加触点数量；③ 增加触点容量；④ 用作小容量开关。

4. 安装主要事项

（1）采用直插式引脚的中间继电器，为了便于接线安装，需要配合相应的底座使用。

（2）安装前，需使用万用表的电阻挡对其电气部分进行检测，如图 2.3.8 所示。

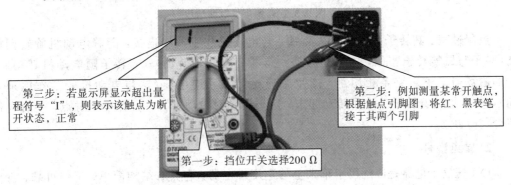

第三步：若显示屏显示超出量程符号"1"，则表示该触点为断开状态，正常

第二步：例如测量某常开触点，根据触点引脚图，将红、黑表笔接于其两个引脚

第一步：挡位开关选择200 Ω

图 2.3.8 中间继电器检测

（3）安装完毕，给控制线圈通电，需再次用仪表检测触点，确保其正常工作。

四、速度继电器

速度继电器（转速继电器）又称反接制动继电器，主要用于三相异步电动机反接制动控制电路中。当三相电源的相序改变以后，速度继电器产生与电动机实际转子转动方向相反的旋转磁场，从而产生制动力矩，使电动机在制动状态下迅速降低速度。在电动机转速接近零时，速度继电器立即发出信号，切断电源，使电动机停车（否则电动机开始反方向转动）。其实物和图形符号如图 2.3.9 所示。

(a)实物　　　　　　　　　　　　　　　　(b)图形符号

图 2.3.9　速度继电器实物和图形符号

1. 结构与工作原理

速度继电器主要由转子、定子及触点三部分组成的，如图 2.3.10 所示。

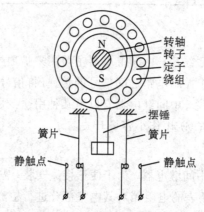

图 2.3.10　速度继电器结构

控制过程：其转子是一个永久磁铁，与电动机或机械轴连接，随着电动机旋转而旋转（转子与鼠笼转子相似，内有短路条，能围绕着转轴转动）；当转子随电动机转动时，它的磁场与定子短路条相切割，产生感应电势及感应电流（这与电动机的工作原理相同），使定子随着转子转动而转动起来；定子转动时带动杠杆，杠杆推动触点，使继电器闭合与分断。

2. 常见型号

JY1 速度继电器是广泛用于车床上的速度继电器，它具有结构简单、工作可靠、价格低廉等特点，主要用于三相鼠笼式电动机的反接制动电路中。一般速度继电器的转轴在 130 r/min 左右即能动作,在 100 r/min 时触点即能恢复到正常位置。可以通过螺钉的调节来改变速度继电器动作的转速,以适应控制电路的要求。

五、时间继电器

时间继电器(KT)是在接收到外界信号后,其执行部分需要延迟一定时间才动作的一种继电器,分为通电延时型和断电延时型。其实物和接线图如图 2.3.11 所示。

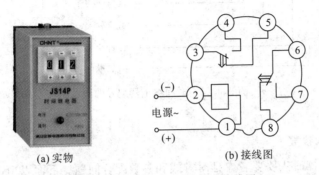

(a) 实物　　　　　　　　　　(b) 接线图

图 2.3.11　时间继电器实物和接线图

1. 分类

(1) 按工作原理分类,时间继电器分为空气阻尼式时间继电器、电动式时间继电器、电磁式时间继电器和电子式时间继电器等。

(2) 按延时方式分类,时间继电器分为通电延时型和断电延时型两种。通电延时型时间继电器在获得输入信号后立即开始延时,延时完毕,其执行部分才输出信号以操控控制电路;当输入信号消失后,继电器立即恢复到动作前的状态。断电延时型时间继电器工作过程恰恰相反,当获得输入信号后,执行部分立即动作并输出信号,而在输入信号消失后,继电器却需要经过一定的延时才能恢复到动作前的状态。

2. 时间继电器的图形符号

时间继电器图形符号如图 2.3.12 所示。

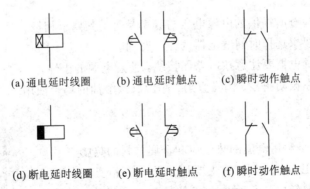

(a) 通电延时线圈　　(b) 通电延时触点　　(c) 瞬时动作触点

(d) 断电延时线圈　　(e) 断电延时触点　　(f) 瞬时动作触点

图 2.3.12　时间继电器图形符号

3. 型号含义

时间继电器型号的含义如图 2.3.13 所示。

型号及其含义

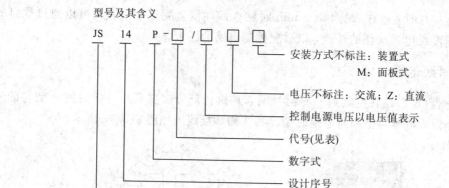

图 2.3.13　时间继电器型号的含义

4. 选用和技术参数

选用时间继电器时主要要考虑延时方式和参数配合问题。下面以 JS14P 型时间继电器技术参数为例进行说明。

（1）类型选择：根据要求进行选择，对延时精度要求不高的场合，一般选用价格较低的电磁式或空气阻尼式时间继电器；反之，对延时精度要求较高的场合，可采用电子式时间继电器。

（2）线圈电压选择：根据控制电路的电压选择。

（3）电源电压：AC50 Hz 的 36 V、110 V、220 V、380 V，DC220 V 等。

（4）延时范围：0.1～9.9 s、0.1～9.99 s、1～99 s、1～99 ms 等。

（5）触点寿命：≥100 万次。

（6）功耗：≤5W

5. 使用注意事项

（1）选用时间继电器时，应按控制要求选择其电压等级、延时方式、触点形式、延时精度以及安装方式。

（2）使用前应检查所提供的电源电压与频率是否与其要求相符。

（3）根据用户要求选择时间继电器的控制时间。

（4）直流时间继电器要注意按电路图接线，注意电源的极性。

（5）尽量避免在振动明显、阳光直射、潮湿及接触油的场合使用。

六、热继电器

热继电器（FR）是利用电流的热效应和金属材料的热膨胀系数存在差异的原理而工作的电器，它主要用来防止三相交流电动机出现长时间过载。热继电器作为电动机的过载保护元件，以其体积小、结构简单、成本低等优点在生产中得到了广泛应用。其实物如图 2.3.14 所示。

图 2.3.14　热继电器实物

1. 结构和图形符号

热继电器结构和图形符号如图 2.3.15 所示。

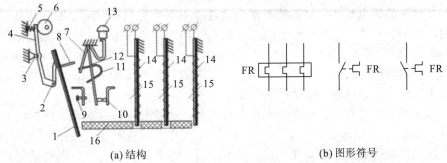

(a) 结构　　　　　　　　　　　　　(b) 图形符号

1—补偿双金属片；2—绕轴；3—支点；4—推杆；5—压簧；6—凸轮；7—片簧；8—推杆；9—动合触点；10—动断触点；11—弓形弹簧片；12—簧片；13—复位按钮；14—双金属片；15—发热元件；16—导板。

图 2.3.15　热继电器结构和图形符号

2. 工作原理

如图 2.3.15(a)所示是热继电器的结构示意图。热继电器主要由发热元件、双金属片和触点组成，其中发热元件与双金属片作为反映温度信号的感应部分，触点作为控制电流通、断的执行部分。发热元件 15 用镍铬合金丝等电阻材料制成，串联在被保护电动机的主电路中，它随电流 I 的大小和时间的长短而产生出不同大小的热量，这些热量加热双金属片 14。双金属片是由两种膨胀系数不同的金属片碾压而成，一侧(右)采用高膨胀系数的材料，如铜或铜镍合金，另一侧(左)采用低膨胀系数的材料，如因瓦钢。双金属片的一端是固定的，另一端为自由端。当电动机正常运行时，发热元件产生的热量使双金属片略有弯曲，并与周围环境保持热交换平衡。当电动机过载运行时，发热元件产生的热量来不及与周围环境进行热交换，使双金属片进一步弯曲，推动导板 16 向左移动，并推动补偿双金属片 1 的绕轴 2 顺时针转动，推杆 8 向右推动片簧 7 到一定位置时，弓形弹簧片 11 作用力方向发生改变，使簧片 12 向左运动，动合触点 9 闭合，动断触点 10 断开，从而断开电动机的控制电路，使电动机得到保护。主电路断电后，随着温度的下降，双金属片恢复原位。可使用手动复位按钮 13 使动断触点 10 复位。借助凸轮 6 和推杆 4 可以在额定电流的 66%～100%范围内调节动作电流。

3. 选用注意事项

(1) 原则上应使热继电器的安秒特性尽可能接近甚至重合电动机的过载特性，或者在电动机的过载特性之下，同时在电动机短时过载和启动的瞬间，热继电器应不受影响(不动作)。

(2) 当热继电器用于保护长期工作制或间断长期工作制的电动机时，一般按电动机的额定电流来选用热继电器型号。例如，热继电器的整定值可等于 0.95～1.05 倍的电动机的额定电流，或者取热继电器整定电流的中值等于电动机的额定电流，然后进行调整。

(3) 当热继电器用于保护反复短时工作制的电动机时，热继电器应有一定范围的适应性。如果短时间内操作次数很多，就要选用带速饱和电流互感器的热继电器。

(4) 对于正反转和通断频繁的特殊工作制电动机，不宜采用热继电器作为过载保护装置,而应使用埋入电动机绕组的温度继电器或热敏电阻来保护。

4. 使用注意事项

(1) 热继电器的额定电流按照电动机额定电流的 90%～110% 选择。

(2) 要保证热继电器在电动机的正常启动过程中不产生误动作。如果电动机启动不频繁,且启动时间又不长,一般可按电动机的额定电流选择热继电器,按照启动时间长短确定 CLASS 10/20 的等级(IEC947－4－1 标准指定:在当前电流为整定电流的 7.2 倍时CLASS 10 级的动作时间为 4～10 s,CLASS 20 级的动作时间为 6～20 s);如果启动时间超长,则不宜采用热继电器,应选用电子过流继电器。

(3) 由于热继电器有热惯性,不能做短路保护,应考虑与断路器或熔断器的短路保护配合使用。

(4) 注意热继电器的正常工作温度,其范围为－15℃～＋55℃,工作温度超过此范围后,环境温度补偿失效,有可能存在热继电器误动作或不动作问题。

(5) 热继电器安装时端子接线要牢靠,导线截面的选型要在电流许可范围内。否则导致的温升会抬高双金属片温度,造成热继电器误动作。

任务实施

一、热继电器检测

1. 实物认知

1) 铭牌检查

铭牌检查是指检查、核实热继电器上的铭牌,了解其型号和各个参数意义。譬如观察热继电器的电流整定范围等参数是否符合控制电路系统的要求。热继电器铭牌如图 2.3.16 所示。

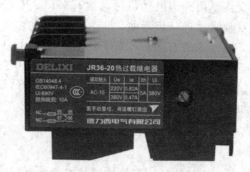

图 2.3.16　热继电器铭牌

2) 外观检查

外观检查是指检查热继电器外壳有无损坏,紧固件螺丝钉是否齐全,复位按钮是否灵活等,如有缺陷,应进行相应的处理或更换。

2. 性能检测

1) 触点、发热元件检测

在热继电器不通电的情况下,用万用表电阻挡检测其触点的通断情况是否良好,通状态时万用表显示的电阻值应为 0 Ω，断状态时万用表显示的电阻值应为无穷大。检测后要在不带电的情况下合、分数次，检验热继电器动作准确可靠后再投入使用。热继电器检测完毕，将检测结果填入表 2.3.2 中。

表 2.3.2 热继电器触点检测记录表

测量点（段）	电阻值/Ω	结 果	正常与否
U12 - U			
V12 - V			
W12 - W			
常闭触点			
常开触点			
复位按钮			

2）绝缘电阻检测

用 500 V 兆欧表检测热继电器相与相、相与地之间的绝缘电阻，绝缘电阻应不小于 10 MΩ，否则需进一步处理。

仪表检测热继电器

二、热继电器装配

热继电器装配需要按照电气控制系统线路安装工艺标准进行，应按规定垂直安装在发热元件下方，其上、下连接导线要使用规定截面的导线（或母线），遵循上进下出接线原则。

安装注意事项：

（1）安装前，应检查热继电器铭牌上所列的技术参数是否符合使用要求。

（2）固定热继电器时，其铭牌字面正向朝上，底板应垂直于水平位置。

（3）安装完毕后，应检查热继电器工作的准确性和可靠性。

接触器安装

三、热继电器常见故障与排查

热继电器常见故障一般是触点误解，通常是复位按钮误操作所致。在操作过程中，若出现异常现象，应首先检查复位按钮是否复位，其次检查紧固件螺丝钉处是否存在压接绝缘层等问题，最后将热继电器检测结果填入测试记录表中，如表 2.3.3 所示。

表 2.3.3 热继电器检测记录表

检测状态	测量点（段）	电阻值/Ω	正常与否

四、文件存档

本任务学习完毕后，将所用低压元器件、检修和安装记录等材料按顺序归纳于任务工单中进行存档，见表 2.3.4。

表 2.3.4　任务工单：热继电器检测与安装

院系		班级		姓名		学号	
日期		地点		教师		课时	
课程名称							
实训任务		热继电器检测与安装					
实训目的	电气元件外形、结构和功能认知；性能测试；安装步骤						
工具设备准备							
任务分工与计划							
热继电器检测	操作项目	操作步骤				结果	
	实物认知	型号：					
		铭牌：					
	性能检测						
性能检测记录	外观铭牌： 操作零件： 触点通断： 相间绝缘：						
安装步骤及注意事项							
任务重点和要点							
存在问题和解决方法							

任务评价

热继电器检测与安装任务评价见表 2.3.5。

表 2.3.5　任务评价表：热继电器检测与安装

组名/组员				班级	
任务名称		电气控制系统图		得分	
序号	主要内容	考核要求	评分细则	配分	赋分
1	电气实物认知	认识名称、型号及参数意义	1. 识别 5 分 2. 型号和参数 5 分	10	
2	电气元件检测	按正确步骤和要求进行器件检测，并做好记录	1. 外观检测 10 分 2. 触点通断检测 10 分 3. 相间绝缘检测 10 分	30	
3	元件安装			30	
任务得分(70 分)					
4	安全操作			20	
5	文明操作			10	
职业素养与操作规范得分(30 分)					
总得分(100 分)					

任务拓展

请在完成本任务的基础上，自行完成对时间继电器的识别、检测和安装，并进行记录。

·······课程思政·······

本模块主要介绍了常用低压电器元件的外形特点、基本结构、工作原理及其检测和安装方法等。通过本模块的学习,学生能够掌握常用低压电器的图形绘制、选取、拆卸、安装和检测等基本技能知识。

在讲解本模块的元器件时,给出生活中的应用实例,介绍当下企业管理制度和产品质量以及先进技术,讲解元器件的品牌和先进材料,以培养当代大学生的时代责任感和使命感,引导学生树立正确的社会主义核心价值观,建立中国制造的自信心。

模块三　基本电气控制线路的安装与调试

电气控制系统由各个电气设备组成，广泛应用于工业、农业等行业。电气设备的安装与调试是电气控制系统可靠运行与机械安全生产的保证。本模块将详细介绍电动机基本控制线路的安装与调试。

知识目标

（1）掌握电气控制系统图的识图、绘图原则与方法。
（2）掌握基本电气控制线路的工作原理分析方法。
（3）掌握基本电气控制线路的安装接线步骤和工艺要求。
（4）掌握基本电气控制线路的调试方法和故障排查方法。

能力目标

（1）能正确识读电气系统原理图和叙述其工作原理。
（2）依据绘图原则，能正确绘制电气控制系统图。
（3）能够制作基本电气控制线路的安装工艺计划并进行其线路安装。
（4）会调试基本电气控制线路并能根据故障现象进行分析和故障排查。

素养目标

（1）培养学生安全操作、规范操作与文明生产的职业素养。
（2）培养学生敬岗爱业、精益求精的工匠精神。
（3）培养学生科学分析和解决实际问题的能力。

任务一　电动机连续运行控制线路的安装

任务描述

本任务是根据电动机连续运行控制线路原理图，制作其安装工艺计划，绘制其电气元件布置图和电气安装接线图，以及完成电气元件的选用和检查，并按照安装工艺计划完成电动机连续运行控制线路的安装。

1. 任务目标

(1) 熟悉电动机连续运行控制线路的工作原理。

(2) 能按原理图正确选取电气元件和对其进行检测。

(3) 掌握电动机连续运行控制线路的安装步骤和工艺要求。

(4) 能按电动机连续运行控制线路安装要求进行线路安装。

2. 任务步骤

(1) 分析电气原理图,按电气原理图配备电气元件,并对其进行检测。

(2) 绘制电动机连续运行控制线路电气元件布置图和安装接线图。

(3) 按工艺要求完成电动机连续运行控制线路的接线安装。

3. 实训工具、仪表和器材

(1) 实训工具:螺钉旋具(大十字、大一字、小一字)、剥线钳、尖嘴钳和镊子等。

(2) 仪表:数字万用表一套。

(3) 实训器材:电动机连续运行线路安装所用实训器材如表 3.1.1 所示。

表 3.1.1 电动机连续运行控制线路安装所用实训器材清单

文字符号	器件名称	型号规格	数 量	备 注
QF	断路器	HDBE-63/3P/1P	各 1	—
FU	熔断器	RT14-20 3P/1P	各 1	—
KM	交流接触器	CJX2-0911	1	—
FR	热继电器	NR4-63	1	—
SB	启停按钮	LAY7-11BN	红绿各 1	—
XT	接线端子	TB2515	1	—
M	电动机	三相鼠笼式电动机	1	≤5.5 kW;380V Y/△
—	网孔板	孔距 10 mm×5 mm	1	—
BVR	导线	1 mm	若干	JS14P-99S
—	线鼻子(针)	1 mm	若干	—
—	线槽		若干	—

4. 安全操作

(1) 遵守实训室规章制度和安全操作规范。

(2) 初学者尽量采用"通电看现象,断电查故障"的排除故障方法。

(3) 上电试车或进行故障排查,需经老师允许,若有异常应立即停车。

(4) 工作结束,关闭电源和万用表。

知识储备

电动机连续运行控制线路的安装需要具备下面的理论知识。

一、电动机的结构

电动机可分为直流电动机和交流电动机两大类，其中交流电动机又可分为异步电动机和同步电动机。异步电动机按工作电源种类分为单相交流异步电动机和三相交流异步电动机，按其转子结构分为鼠笼式异步电动机和绕线式异步电动机。异步电动机的结构简单，价格便宜，运行可靠，维护方便，因而在生产中应用最广泛。在电力拖动生产设备中，常用三相电动机控制系统为电动机提供动力来源，本节将主要介绍鼠笼式三相异步电动机及其控制，后续提到电动机一般是指鼠笼式三相异步电动机。

电动机外形图与内部结构图如图 3.1.1 所示，主要由外壳、定子(固定部分)和转子(旋转部分)等部分组成。

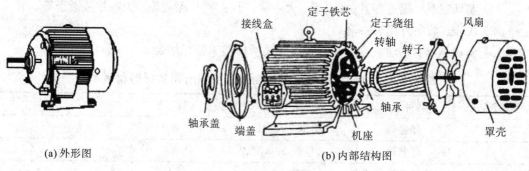

(a) 外形图　　　　　　　　　　　　　　(b) 内部结构图

图 3.1.1　电动机外形图和结构示意图

1. 外壳

电动机外壳主要由机座、轴承盖、端盖、接线盒、风扇和罩壳等组成。其中，接线盒是电动机外部供电电源和内部通电绕组的关键连接部件，如图 3.1.2 所示。

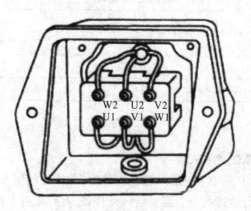

图 3.1.2　电动机的接线盒

2. 定子部分

定子是电动机的不转动部分，作用是产生一个旋转磁场。它主要由定子铁芯和定子绕组组成。

1) 定子铁芯

定子铁芯是电动机磁路的一部分，由互相绝缘的厚度为 $0.35\sim0.5$ mm 的硅钢片压叠而成，其目的是减少铁芯的涡流损耗。铁芯内壁有槽，槽内安放有定子绕组。定子铁芯外形如图 3.1.3 所示。

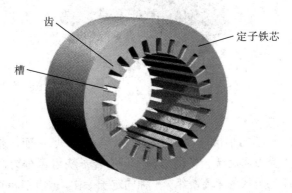

图 3.1.3 定子铁芯外形

2) 定子绕组

定子绕组是三相交流异步电动机电路的一部分，是由三个彼此独立的三相绕组组成的。它通常由涂有绝缘漆的铜线绕制而成，按一定规律嵌入定子铁芯的槽内，再按照一定的接线规律相互连接成三相绕组。其三相绕组的六个首、尾端分别引到电动机的外壳接线盒的接线柱上，通入三相交流电后，即可在电动机内部产生旋转磁场。三个定子绕组有星形和三角形两种接法，如图 3.1.4 所示。

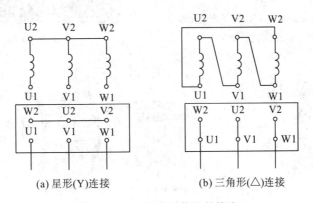

(a) 星形(Y)连接   (b) 三角形(△)连接

图 3.1.4 三相定子绕组的接法

3. 转子部分

转子是电动机的转动部分，作用是形成电磁转矩，拖动其他机械设备运行。转子主要由转轴、转子铁芯和转子绕组等组成。

1) 转子铁芯

转子铁芯是电动机磁路的一部分，由互相绝缘的厚度为 0.5 mm 的硅钢片压叠而成。转子铁芯固定在转轴上，其外圆开有槽，槽内放置转子绕组。转子铁芯外形如图 3.1.5 所示。

图 3.1.5　转子铁芯外形图

2）转子绕组

转子绕组嵌在转子铁芯的小槽内，用来切割定子旋转磁场从而产生感应电动势和电流，并在旋转磁场的作用下受力而旋转。根据结构不同，转子绕组可分为鼠笼式和绕线式两种，即一种为由导条和短路环组成的鼠笼绕组，一种同定子一样，嵌有三相对称绕组，但工作时短路。两种电机实物图和转子绕组示意图分别如图 3.1.6、图 3.1.7 所示。

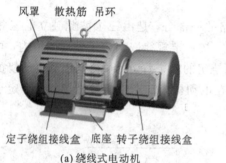

(a) 绕线式电动机

(b) 鼠笼式电动机

图 3.1.6　电动机实物图

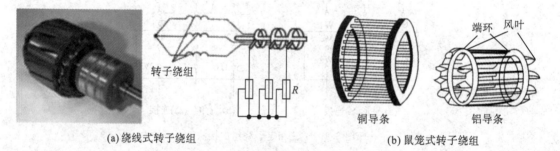

(a) 绕线式转子绕组　　　　　　　　　　　(b) 鼠笼式转子绕组

图 3.1.7　转子绕组示意图

二、电动机的铭牌数据和选择

要正确使用电动机，必须先了解电动机的铭牌数据（参数）和电动机的选择。

1. 铭牌数据

每台异步电动机的外壳上都有一块铭牌，上面标示着这台电动机的主要技术数据，使用者应根据铭牌数据正确选用和维护电动机。例如一台电动机的铭牌如图 3.1.8 所示。

```
┌─────────────────────────────────────────────┐
│ 三相异步电动机                                │
│ 型号　Y100L1-4        接法      △/Y          │
│ 功率　2.2/kW          工作方式   S1           │
│ 电压　220/380 V       绝缘等级   B            │
│ 电流　8.6/5 A         温升       70 ℃        │
│ 转速　1430 r/min      重量       340 kg       │
│ 频率　50 Hz           编号                    │
│                                               │
│                    ××电机厂　出厂日期         │
└─────────────────────────────────────────────┘
```

图 3.1.8　电动机的铭牌

1）电动机型号

电动机型号表示电动机的结构形式、机座号和极数。例如 Y100L1-4 中：Y 表示鼠笼式异步电动机（YR 表示绕线式异步电动机）；100 表示机座中心高为 100 mm；L 表示长机座（S 表示短机座，M 表示中机座）；1 为铁芯长度代号；4 表示 4 极电动机。

2）额定电压

额定电压 U_N 是电动机定子绕组线电压的额定值，有些异步电动机铭牌上标有 220/380 V，相应的接法为△/Y。它说明当电源线电压为 220 V 时，电动机定子绕组应接成△形；当电源线电压为 380 V 时，应接成 Y 形。

3）额定电流

额定电流（I_N）是电动机在额定运行时，定子绕组的线电流。

4）额定转速

额定转速 n_N 是电动机额定运行时的转速。

5）额定频率

稳定频率 f_N 是电动机额定运行时的交流电源的频率，我国工频为 50 Hz。

6）工作方式

工作方式是指电动机的运行状态。电动机工作方式根据发热条件可分为三种：S1 表示连续工作方式，允许电机在额定负载下连续长期运行；S2 表示短时工作方式，在额定负载下只能在规定时间内短时运行；S3 表示断续工作方式，可在额定负载下按规定周期性重复短时运行。

2. 电动机的选择

异步电动机在生产中应用极广，因此，正确选用异步电动机是十分重要的。选用电动机应在满足生产要求的基础上，力求经济、安全、可靠。电动机选择的主要内容包括以下几个方面。

1）种类选择

电动机种类的选择应从生产工艺的具体要求来考虑，并应从技术和经济两方面进行比较后加以确定。普通的车间一般只有三相交流电源，如果没有特殊要求，一般都应采用交流电动机。鼠笼式三相异步电动机的优点明显多于绕线式三相异步电动机，所以一般多选用鼠笼式三相异步电动机。

鼠笼式三相异步电动机具有结构简单、价格便宜、维修方便等优点，采用传统的调速方法启动，但调速性能较差，可以用于没有特殊要求（调速要求不严）的场合，比如各种泵、通风机、普通机床等设备上。但采用变频器提供的变频电源供电之后，鼠笼式三相异步电动机目前已达到良好的无级调速性能。

绕线式三相异步电动机的转子电路可以串接电阻来改善其启动转矩和启动电流，但它的调速范围仍然不大，所以对一些要求启动转矩大且在一定范围内需要调速的生产机械，如起重机，可以采用绕线式三相异步电动机。但绕线式三相电动机结构比鼠笼式三相异步电动机复杂且价格较贵，维修比鼠笼式三相异步电动机也困难。

只有当这两种电动机都不能满足生产机械的要求时，才选用其他种类的电动机。比如，对一些调速要求高的生产机械（数控机床、造纸机、电梯的开关门等），可以选用伺服电动机来拖动。

2）电压和转速选择

电动机的电压等级应根据车间电源电压、电动机的类型及其功率来决定。Y系列电动机只有额定电压为380 V这一等级，大功率异步电动机常采用3 kV或6 kV电压。

容量、电压相同的电动机，转速不一定相同。额定功率相同时，转速越高，转矩越小，它的体积也越小，重量越轻，价格越便宜，经济指标也较高。转速越低的电机，转矩越大，价格越贵。所以选用电动机的转速时，应该综合考虑实际需要及经济情况。一般情况下，较多选用转速为1500 r/min的电动机。

3）功率选择

电动机的功率是由生产机械所需的功率和工作方式来确定的。合理选择电动机的功率具有重要的经济意义。如果电动机的功率选得过大，虽然能正常工作，但设备成本投资大，而且电动机经常不能满载运行，致使效率和功率因数不高。如果电动机的功率选得小于设备所需的功率，电动机就会过载，这样长时间运行就会缩短电动机的寿命。所以选择的电动机的功率应尽可能使电动机得到充分利用，以降低设备成本。

电动机的额定功率应根据负载情况合理选择。负载情况包含两方面的内容：一是负载的大小；二是负载的工作方式（电动机有连续、短时、断续三种工作方式）。

三、电动机的工作原理

1. 异步电动机简易模型

在一个马蹄形磁铁中放置一个带轴的闭合线圈（鼠笼转子），两者没有机械相连，当磁铁顺时针转动时，转子导体做切割磁力线的相对运动，在转子导体中产生感应电动势，从而产生感应电流，转子导体中产生磁场力，随磁铁同方向转动。异步电动机的转动原理与上述情况相似，其模型如图3.1.9所示。

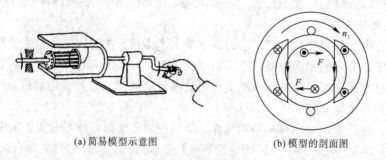

(a) 简易模型示意图　　　　　　　　　　(b) 模型的剖面图

图 3.1.9　异步电动机模型

当磁极顺时针方向旋转时，转子导体将切割磁力线而产生感应电动势。感应电动势的方向用右手定则确定。在感应电动势的作用下，转子导体中将有感应电流（转子电路是闭合的），其方向如图 3.1.9(b)所示,上边导体的电流从纸面流出,用符号⊙表示,下边导体流进,用符号⊗示。转子电流在磁场中受到电磁力 F 的作用,其方向可用左手定则确定,由电磁力 F 而产生电磁转矩 M,在电磁转矩 M 的作用下,转子就跟着磁场顺时针方向转动起来。

虽然转子的转动方向与旋转磁场的转动方向一致,但转子的转速 n 永远达不到旋转磁场的转速 n_1,即 $n < n_1$。这是因为,若转子的转速等于旋转磁场的转速的话,则转子与磁场间不存在相对运动,即转子绕组不切割磁力线,转子电流、电磁转矩都将为零,转子就不能转动,因此转子的转速总是低于同步转速。正是由于转子转速与同步转速间存在一定的差值,故将这种电动机称为异步电动机。又因为异步电动机是以电磁感应原理为工作基础的,所以异步电动机又称为感应电动机。

用转差率 s 来反映转子与旋转磁场转速的"异步"程度,即有

$$s = \frac{n_1 - n}{n_1} \times 100\%$$

转差率是异步电动机的一个重要参数之一。在定子绕组接通电源的瞬间,转子转速 $n = 0$,此时 $s = 1$,转差率最大;稳定运行以后,电动机的转速 n 接近同步转速 n_1,此时 s 很小,额定转差率约为 $1\% \sim 8\%$ 左右;空载时,转子转速几乎等于同步转速,即 $s \approx 0$,但 $s = 0$ 的情况在实际运行时是不存在的。

2. 三相异步电动机的工作原理

1) 旋转磁场的产生

图 3.1.9 中异步电动机模型是依靠手动使磁场旋转,在工程上则是用三相交流电通入定子绕组来产生旋转磁场的。下面分析绕组产生旋转磁场的情况。

三相异步电动机定子绕组是空间对称的三相绕组,即 U1 - U2、V1 - V2 和 W1 - W2,空间位置相隔 120°。若将它们做星形连接,如图 3.1.10 所示,将 U2、V2、W2 连在一起,U1、V1、W1 分别接三相对称电源的 U、V、W 三个端子,就有三相对称电流流入对应的定子绕组,即

$$i_U = I_m \sin(\omega t)$$

$$i_V = I_m \sin(\omega t - 120°)$$

$$i_W = I_m \sin(\omega t + 120°)$$

一对磁极的旋转磁场及对应波形如图 3.1.11 所示。

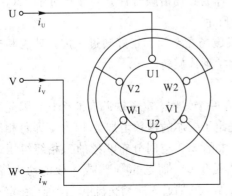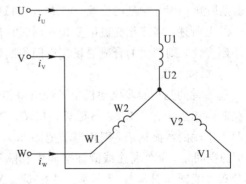

图 3.1.10　三相定子绕组的分布

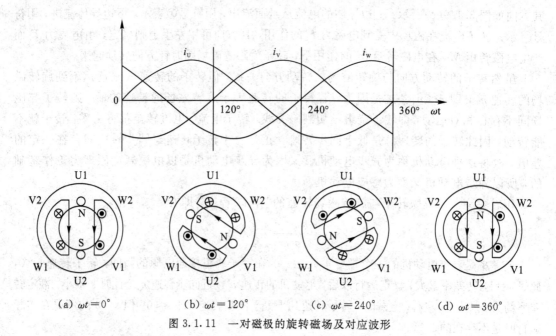

(a) $\omega t = 0°$　　　(b) $\omega t = 120°$　　　(c) $\omega t = 240°$　　　(d) $\omega t = 360°$

图 3.1.11　一对磁极的旋转磁场及对应波形

由波形图可看出：

(1) 在 $\omega t = 0°$ 时刻，$i_U = 0$，i_V 为负值，说明 i_V 的实际电流方向与参考方向相反，即从 V2 流入(用 ⊗ 表示)，从 V1 流出(用 ⊙ 表示)；i_W 为正值，说明实际电流方向与 i_W 的参考方向相同，即从 W1 流入(用 ⊗ 表示)，从 W2 流出(用 ⊙ 表示)。根据右手螺旋法则，可判断出转子铁芯中磁力线的方向是自上而下，相当于定子内部是 N 极在上，S 极在下的一对磁极在工作，如图 3.1.11(a)所示。

(2) 当 $\omega t = 120°$ 时，i_U 为正值，电流从 U1 流入(用 ⊗ 表示)，从 U2 流出(用 ⊙ 表示)；$i_V = 0$，i_W 为负值，电流从 W2 流入(用 ⊗ 表示)，从 W1 流出(用 ⊙ 表示)。合成磁场如图 3.1.11(b)所示，从图可以看出，合成磁场在空间上沿顺时针方向转过了 120°。

(3) 当 $\omega t = 240°$ 时，同理，合成磁场如图 3.1.11(c)所示，从图可以看出，它又沿顺时针方向转过了 120°。

(4) $\omega t = 360°$ 时的磁场与 $\omega t = 0$ 时刻相同，合成磁场沿顺时针方向又转过了 120°，N、S 磁极回到 $\omega t = 0$ 时刻的位置，如图 3.1.11(d)所示。

综上所述，当三相交流电变化一周时，合成磁场在空间上正好转过一周。若三相交流电不断变化，则产生的合成磁场在空间不断转动，形成旋转磁场。

2) 磁极对数

前面讲的三相异步电动机定子绕组每相只有一个线圈，定子铁芯有 6 个槽，因此在定子铁芯内相当于有一对 N、S 磁极在旋转。若把定子铁芯的槽数增加为 12 个，即每相绕组由两个串联的线圈构成，则相当于把图 3.1.11 中的 360° 空间分布 6 槽的三相绕组压缩在 180° 的空间中，显然每个线圈在空间中相隔不再是 120°，而是 60°，形成 4 极电动机绕组，其分布接线图如图 3.1.12 所示。若在 U1、V1、W1 三端通入三相交流电，同理，在定子铁芯内可形成两对磁极的旋转磁场，其磁场及对应波形如图 3.1.13 所示。

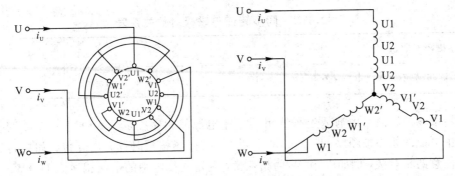

图 3.1.12　4 极电动机定子绕组分布接线图

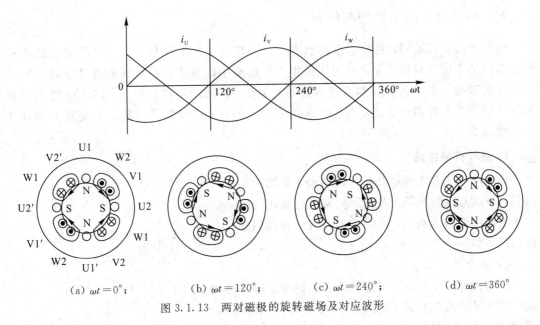

（a）$\omega t = 0°$；　　　（b）$\omega t = 120°$；　　　（c）$\omega t = 240°$；　　　（d）$\omega t = 360°$

图 3.1.13　两对磁极的旋转磁场及对应波形

　　从图 3.1.13 可以看出，在两对磁极的旋转磁场中，电流每交变一周，旋转磁场在空间转半周。

　　3）旋转磁场的转速和转向

　　一对磁极的旋转磁场电流每交变一次，旋转磁场就旋转一周。设电源的频率为 f_1，即电流每秒钟变化 f_1 次，磁场每秒钟转 f_1 圈，则旋转磁场的转速 $n_1 = f_1$(r/s)，习惯上用每分钟(min)的转数来表达转速，即 $n_1 = 60 f_1$(r/min)。两对磁极的旋转磁场，电流每变化 f_1 次，旋转磁场转 $f_1/2$ 圈，即旋转磁场的转速为 $n_1 = 60 f_1/2$(r/min)。

　　以此类推，p 对磁极的旋转磁场，电流每交变一次，磁场就在空间转过 $1/p$ 周，因此，旋转磁场的转速应为

$$n_1 = \frac{60 f_1}{p} \ (\text{r/min}) \tag{3.1.1}$$

　　旋转磁场的转速 n_1 也称为同步转速，由式(3.1.1)可知，它取决于电源频率和旋转磁场的磁极对数(p)。我国的工频为 50 Hz，因此，同步转速与磁极对数的关系如表 3.1.2 所示。

表 3.1.2　　同步转速与磁极对数关系表

磁极对数（p）	1	2	3	4	5
同步转速（n_1）	3000	1500	1000	750	600

　　旋转磁场的转向是由通入定子绕组的三相电源的相序决定的。由图 3.1.11 可知，定子绕组中电流的相序按顺序 U—V—W 排列，旋转磁场按顺时针方向旋转。如果将三相电源中的任意两相对调，例如 V 和 W 两相互换，则定子绕组中的电流相序为 U—W—V，应用前面讲的分析方法，旋转磁场的方向也相应地改变为逆时针方向。

四、电动机直接启动控制线路

　　电力拖动设备不同，其控制系统也不同，但是控制系统都是由基本的控制线路构成的。掌握基本电气控制线路，将对了解生产机械整个电气控制系统的原理及维修方法打下良好的基础。电动机的基本控制有启动、制动、方向和调速等控制，其中电动机的基本直接启动控制线路包括点动控制、连续运行控制、多地控制等线路。下面将介绍这几种控制线路。

1. 点动控制线路

　　点动控制线路实现电动机短时转动，常用于机床的对刀调整和点动葫芦等设备。该控制线路是用最简单的二次电路控制主电路的，以完成电动机的直接启动。其线路原理如图 3.1.14 所示。

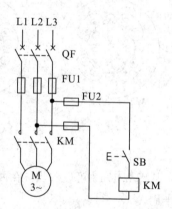

图 3.1.14　点动控制线路原理图

　　1）识读线路图

　　点动控制线路原理图由主电路和控制电路两部分构成，其原理图的左半边为主电路，右半边为控制电路。遵循自上而下读图原则，主电路包括三相工作电源 L1、L2、L3，隔离开关 QF，熔断器 FU1，交流接触器（以下简称接触器）主触点 KM 和电动机 M，流过电流较大。同样遵循自上而下、自左而右的读图原则，控制电路包括供电电源 L2、按钮 SB、接触器 KM 线圈和熔断器 FU2，流过电流较小。

　　元件作用：空气开关 QF 主要用于电源隔离；熔断器 FU1、FU2 用于短路保护；接触器 KM 起自动控制作用；电动机 M 作为动力拖动用；按钮 SB 为主令电器，用于手动发出控制信号（启停按钮）。

　　注意：此线路只进行短时间运行，且操作者必须实时监视，一般不设过载保护装置。

　　2）工作原理

　　点动控制线路工作过程如下：

　　（1）启动时，先合上电源开关 QF，再按下点动按钮 SB，接触器 KM 线圈通电、其衔铁吸合，带动其三对主触点闭合，电动机 M 接通三相电源，启动正转。按下按钮 SB 电动机动作，放开按钮 SB 电动机即停止工作。生产机械在进行试车和调整时常要求点动控制。

（2）停车时，松开点动按钮 SB，接触器 KM 线圈失电、其衔铁释放复位，带动其主触点断开，电动机断电停转。

（3）在电动机运行过程中，若主电路出现短路时，熔断器 FU1 熔芯熔断，主电路断电，电动机 M 断电停转；若控制电路出现短路，则熔断器 FU2 熔芯熔断，控制电路断电，KM 线圈断电，进而主电路也断电，电动机断电停转。

3）线路优缺点

点动控制线路结构虽然简单，但对需要长时间运行的电动机来说，不适合使用，因为一旦松开按钮 SB，电动机就立即停转。

2. 连续运行控制线路

电动机连续运行控制线路能够实现电动机连续运转，常用于水泵、通风机、机床等设备。该线路是在点动控制线路的基础上，在控制电路中增设了"自锁"环节。具体方法为：主电路保持不变，在控制电路中串联一常闭按钮 SB1，并在启动按钮 SB2 两端并联一对接触器的常开辅助触点即自锁触点。连续运行控制线路原理图如图 3.1.15 所示。

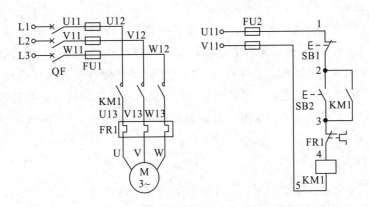

图 3.1.15　电动机连续运行控制线路原理图

1）识读线路图

连续运行控制线路原理图由主电路和控制电路两部分构成，其原理图的左半边为主电路，右半边为控制电路。主电路包括三相工作电源 L1、L2、L3，隔离开关 QF，熔断器 FU1，热继电器 FR1 热元件，交流接触器（以下简称接触器）主触点 KM1 和电动机 M，流过电流较大。控制电路包括供电电源 L2、按钮 SB1 与 SB2、接触器 KM1 常开辅助触点、热继电器 FR1 常闭辅助触点、接触器 KM1 线圈和熔断器 FU2，流过电流较小。

元件作用：空气开关 QF 主要用于电源隔离使用，熔断器 FU1、FU2 用于短路保护，接触器 KM 起自动控制作用，热继电器 FR1 作为过载保护，电动机 M 作为动力拖动用，按钮 SB1 和 SB2 为主令电器，用于手动发出控制信号用（启停按钮）。

2）工作原理

连续运行控制线路工作过程如下：

（1）启动时，先合上电源开关 QF，再按下启动按钮 SB2，接触器 KM1 线圈得电、其衔铁吸合，其中，KM1 的主触点闭合，电动机 M 接通三相电源启动运行；与 SB2 并联的 KM1 常开辅助触点也闭合，使接触器 KM1 线圈由两条线路供电，一条线路是经过 SB2，另一条线路是已经闭合的接触器 KM1 常开辅助触点。这样，当手松开后，启动按钮 SB2 自动复位时，接触器 KM1 线圈仍可通过其常开辅助触点继续供电，从而保证电动机的连续运行。这种依靠接触器自身辅助触点而使其线圈保持通电的现象，称为自锁，这个起自锁作用的辅助触点，称为自锁触点。

（2）停车时，按下停车按钮 SB1，接触器 KM1 线圈失电、其衔铁释放复位、带动其主触点和自锁触点复位断开状态，电动机断电停转。当手松开停车按钮 SB1 后，SB1 在其内部复位弹簧的作用下又回复闭合状态，但此时控制电路已经断开，只有再次按下启动按钮 SB2，电动机才能重新启动运转。

（3）在电动机运行过程中，当电动机出现长时间过载而使热继电器 FR1 动作时，其常闭辅助触点断开，KM1 线圈断电，从而使电动机断电停止转动，实现电动机的过载保护。同样，若主电路或控制电路出现短路时，熔断器 FU1、FU2 熔芯熔断，主电路和控制电路断电，从而使电动机 M 断电停转，实现控制线路的短路保护。

3）线路优缺点

连续运行控制线路具有失压保护和欠压保护作用，即在停电或电压过低时，接触器 KM1 线圈的电磁吸力消失或不足，使主触头断开，切断了电动机的电源，同时也使自锁触头断开。而当电源恢复正常时，必须再按下启动按钮才能使电动机重新启动。如果使用手动刀开关控制，则当电源恢复时，电动机会自行启动，有可能造成人身和设备事故。

注意：隔离开关 QF 一般不能用于带负载切断或接通电源，断电时应先按下停车按钮 SB1，再断开 QF。

3. 多地控制线路

在大型设备中，为了操作方便，常常要求能在多个地点进行控制。电动机的多地控制线路就可以实现这个功能要求。多地控制线路控制原理图如图 3.1.16 所示。

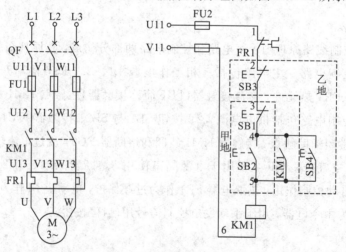

图 3.1.16　电动机多地控制线路原理图

1）识读线路图

多地控制线路原理图由主电路和控制电路两部分构成，其原理图的左半边为主电路，右半边为控制电路。主电路包括三相工作电源 L1、L2、L3，隔离开关 QF，熔断器 FU1，热继电器 FR1 热元件，交流接触器（以下简称接触器）主触点 KM1 和电动机 M，流过电流较大。控制电路包括供电电源 L2、热继电器常闭辅助触点 FR1、按钮 SB1 与 SB2、按钮 SB3 与 SB4、接触器常开辅助触点 KM1、接触器线圈 KM1 和熔断器 FU2，流过电流较小。

元件作用：空气开关 QF 主要作为电源隔离使用，熔断器 FU1、FU2 用于短路保护，接触器 KM1 起自动控制作用，热继电器 FR1 用于过载保护，电动机 M 作为动力拖动使用，按钮 SB1、SB2、SB3、SB4 为主令电器，用于手动发出控制信号（启停按钮）。

2）工作原理

线路工作过程如下：

（1）启动时，先合上电源开关 QF，若按下甲地启动按钮 SB2，接触器 KM1 线圈得电、其衔铁吸合，其中，KM1 的主触点闭合，电动机 M 接通三相电源启动运行；由于与 SB2 并联有 KM1 自锁触点，所以当手松开后，启动按钮 SB2 自动复位时，接触器 KM1 线圈仍可通过其自锁触点继续供电，从而保证电动机的连续运行。同理，若按下乙地的启动按钮 SB4，同样电动机也能启动运行，动作过程同上。

（2）停车时，若按甲地下停车按钮 SB1，接触器 KM1 线圈失电，其衔铁释放复位，带动其主触点和自锁触点复位为断开状态，电动机断电停转。当手松开甲地停车按钮 SB1 后，SB1 又恢复为闭合状态，但此时控制电路已经断开，只有再次按下启动按钮 SB2 或 SB4，电动机才能重新启动运转。同理，若按下乙地停车按钮 SB3，一样能够完成电动机断电停转动作。

（3）在电动机运行过程中，当电动机出现长时间过载而使热继电器 FR1 动作时，其常闭辅助触点断开，KM 线圈断电，从而使电动机断电停止转动，实现电动机的过载保护。同样，若主电路或控制电路出现短路时，熔断器 FU1、FU2 熔芯熔断，主电路和控制电路断电，从而使电动机 M 断电停转，实现控制线路的短路保护。

3）线路优缺点

多地控制线路能够实现多地电动机连续运转控制，操作方便。本线路具有防止电源电压严重下降时电动机欠压运行和防止电源电压突然断电后又恢复时电动机自行启动而造成设备和人身事故。

注意： 隔离开关 QF 一般不能用于带负载切断或接通电源，断电时应先按下停车按钮 SB1，再断开 QF。

任务实施

电动机连续运行控制线路的安装任务包括电气原理图的识读、电气元件选择与检测、电气系统图绘制、电气控制线路的安装和文件存档。

一、电气原理图的识读

电动机连续运行控制线路原理如图 3.1.17 所示。

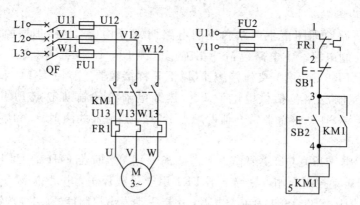

图 3.1.17　电动机连续运行控制线路原理图

首先,看本任务控制线路所用的电源。本任务控制线路所用电源是三相 380 V、50 Hz 的交流电源,主电路中有 1 台笼型异步电动机 M,启动方式为连续正转运行。

然后,观察主电路中所用的电器。本任务所选用的电器为起隔离开关作用的断路器 QF,自动控制作用的接触器 KM1,短路保护作用的熔断器 FU1、过载保护作用的热继电器 FR1。

最后,分析控制线路所用设备。所用电源电压为两相交流电源,即工作电压是 380V。所用器件包括起指令开关作用的自复位按钮 SB1 与 SB2,接触器 KM1 触点、线圈,热继电器 FR1 触点,短路保护熔断器 FU2 和热继电器触点 FR1。

二、电气元件检测

电气元件检测包括电气元件选择、外观检查和仪表检测。

1. 电气元件选择

按照本任务提供的电动机连续运行线路原理图(见图 3.1.17),填写实训材料配置清单于表 3.1.3 中,并按照材料清单领取所需电气元件,要求备件齐全。

表 3.1.3　电动机连续运行控制线路实训材料配置清单

元件名称	型　号	规　格	数　量	备　注

2. 外观检查

外观检查包括以下两方面：

（1）铭牌检查。根据本任务控制线路技术参数要求，对所领用电气元件的铭牌参数进行逐一核对，核对其额定电压、电流以及电流整定值等参数是否符合要求。

（2）电气元件外观检查。检查所领用电气元件是否有损坏（譬如磕碰和裂痕），以及紧固件螺丝钉是否齐全，可动部分是否灵活等，要求外观完好无损。

3. 仪表检测

本任务的控制线路所需的各个电气元件外观检测完成后，还需要进行仪表检测，即用万用表电阻挡检测各触点通断情况是否良好，检查各元件绝缘情况是否良好和电动机性能是否良好。电气元件检测完毕，将检测结果填入表 3.1.4 中。

表 3.1.4　元件检测表

序号	文字符号	设 备 名 称	是否完好	备　注
1	QF			
2	FU			
3	KM			
4	FR			
5	SB1			
6	SB2			
7	M			
8	XT			

注：电气元件检测方法详见模块二。

三、电气控制系统图的绘制

电气元件布置图和电气安装接线图是控制线路安装的主要依据。

1. 绘制电气元件布置图

根据电气元件布置图的绘制原则（详见模块一），绘制出电动机连续运行控制线路的电气元件布置图，如图 3.1.18 所示。

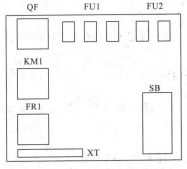

图 3.1.18　电气元件布置图

注意：通常电气元件布置图与电气安装接线图组合在一起，既起到电气安装接线图的作用，又能清晰地表示出电气元件的布置情况。

2. 绘制电气安装接线图

根据电气安装接线图的绘制原则和方法（详见模块一），绘制出电动机连续运行控制线路的电气安装接线图，如图 3.1.19 所示。

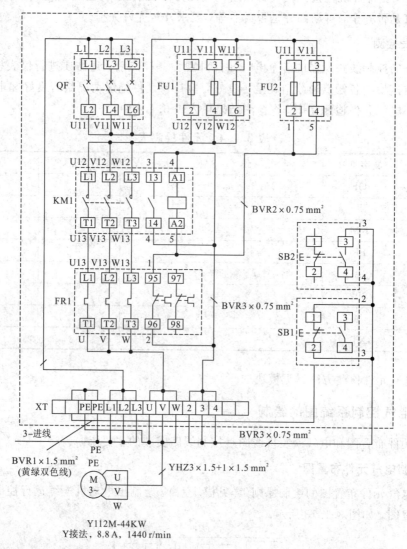

图 3.1.19　电动机连续运行控制线路的电气安装接线图

四、电气控制线路的安装

电动机连续运行控制线路的安装主要包括元件安装和布线。

1. 元件安装

按照本任务绘制好的电气元件布置图（见图 3.1.18），可在给定的安装板上进行断路器、熔断器、接触器、热继电器、启停开关和接线端子的布置与安装，具体安装步骤如下。

1）选择安装方式

本任务控制线路安装选择导轨安装方式，该方式便于元件安装和更换。安装步骤为：导轨需要裁剪为合适的长度，通过螺钉固定到安装板上。安装要求为：螺钉的间距不能太大，固定好的导轨要横平竖直，导轨的安装位置应满足线路布线要求。本线路导轨安装实物如图3.1.20所示。

图3.1.20　导轨安装实物图

2）元件安装

首先按照电气元件布置图，在安装板上规划好各元件的安装位置；然后安装导轨于安装板合适位置；最后按照安装规则，将本任务所需的所有电气元件安装于导轨上。电动机连续运行控制线路元件安装实物如图3.1.21所示。

图3.1.21　电动机连续运行控制线路元件安装实物图

注意：进行导轨安装和元件安装时，要为布线留有合适空间，包括线槽所占空间。

2. 布线

按照布线工艺和流程（详情请参照模块一）进行布线。本任务的具体布线步骤如下。

1）导线选型

结合本任务控制线路的配线方法和实际线路情况，导线类型选择软导线（BVR），导线截面积大小为1 mm^2。

2）配线方法

结合本任务控制线路的实际情况，选择目前使用较为广泛的一种配线形式，即板前线槽配线法进行配线。该方法具有安装施工迅速、简便，而且外观整齐美观，能让学生在有限的学时内学到更多的知识和得到更多的实践练习等。线槽安装实物如图 3.1.22 所示。

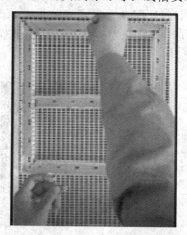

线槽安装

图 3.1.22　线槽安装实物图

3）接线

电气元件和线槽固定完毕后，严格按照接线规则和步骤进行本任务控制线路的接线工作。按照以上布线要求，本任务的安装实物如图 3.1.23 所示。

图 3.1.23　电动机连续运行控制线路安装实物图

接线注意事项：

（1）导线连接必须牢固，不得松动。

（2）每根连接导线中间不得有接头。

（3）按钮盒内接线时，切记启动按钮接动合触点（常开触点）。

（4）接触器的自锁触点接线切记并接在启动按钮两端。

（5）热继电器的动断触点（常闭触点）接线切记串接在控制电路中。

五、文件存档

电动机连续运行控制线路安装完成后，将所用的电气原理图、电气安装接线图、器件材料配置清单和检修记录等材料按顺序整理于任务工单中，进行保存。其任务工单见表 3.1.5。

表 3.1.5　任务工单：电动机连续运行控制线路安装

院系		班级		姓名		学号	
日期		地点		教师		课时	
课程名称							
实训任务		电动机连续运行控制线路安装					
实训目的							
工具设备							
任务分工及计划							
绘制电气元件布置图和电气安装接线图							
电气元件检测	操作项目		操作步骤			结果	
	实物认知		铭牌/型号：				
			外观检查：				
	仪表检测		触点通断：				
			相间绝缘：				
电气元件检测及安装步骤							
任务重点和要点							
存在问题和解决方法							

任务评价

电动机连续运行控制线路的安装任务评价见表 3.1.6。

表 3.1.6　任务评价表：电动机连续运行控制线路的安装

组名/组员				班级	
任务名称		电动机连续运行控制线路安装		得分	
序号	内容	考核要求	评分细则	配分	赋分
1	实物认知	认知名称、型号及参数意义	1. 识别 5 分 2. 型号和参数 5 分	10	
2	电气元件检测	按正确步骤和要求进行元件检测，并做好记录	1. 外观检测 10 分 2. 触点通断检测 10 分 3. 相间绝缘检测 10 分	30	
3	电气元件安装			30	
任务得分(70 分)					
4	安全操作			20	
5	文明操作			10	
职业素养与操作规范得分(30 分)					
总得分(100 分)					

任务拓展

请在完成电动机控制线路安装的基础上，自行完成三相异步电动机的多地控制线路的安装工作。

任务二　电动机连续运行控制线路的调试

任务描述

对安装完毕的电气控制线路进行不通电检测和通电试车检测，并根据检测时发现的问题进行故障分析，找出故障点并排除。

1. 任务目标

(1) 掌握电动机连续运行控制线路的调试方法。

(2) 能按电动机连续运行控制线路检测结果进行故障排查。

2. 任务步骤

(1) 对电动机连续运行控制线路进行不通电检测。

(2) 对电动机连续运行控制线路进行通电试车检测。

(3) 按(1)、(2)步骤的检测结果进行故障排查。

3. 实训工具、仪表和器材

(1) 实训工具：螺钉旋具(大十字、大一字、小一字)、剥线钳、尖嘴钳和镊子等。

(2) 仪表：数字万用表一套。

(3) 实训器材：电动机连续运行控制线路安装板一套。

4. 安全操作

(1) 遵守实训室规章制度和安全操作规范。

(2) 初学者尽量采用"通电看现象，断电查故障"的排查故障方法。

(3) 上电试车或故障排查，需经老师允许，若有异常应立即停车。

(4) 工作结束，关闭电源和万用表。

知识储备

电动机连续运行控制线路的调试需要遵循一定的调试方法和步骤，详见模块一的任务三。

任务实施

电动机连续运行控制线路安装完毕，必须经过认真检查后才能通电试车，通电试车成功后控制线路才算是合格的。本任务线路调试过程主要包括不通电检测和通电试车检测两个阶段。

一、不通电检测

进行电动机连续运行控制线路不通电检测之前，一定要切断该线路的供电电源，检测分为外观检测和仪表检测。

1. 外观检测

外观检测主要是指依据电气控制线路原理图或电气安装接线图对电动机连续运行控制线路进行外观检测。

1) 元件检查

元件检查是指根据电气控制线路调试方法和步骤(详见模块一任务三)，查看电气元件的安装位置和方向是否正确以及安装是否牢固，元件的操作机构是否灵活，复位机构是否处于复位状态，开关、按钮等是否处于原始位置，复位机构是否处于复位状态，保护元件整定值是否符合线路要求。按上述检查项检查完毕后,将元件检查结果记录于表 3.2.1 中。

表 3.2.1 元件检查记录表

检查内容		是否合格	备 注
电气元件安装	位置		
	方向		
	牢固		
复位情况			
整定值			

2）线路检查

线路检查主要是检查配线选择是否符合要求,接线压接是否牢固、是否符合接线工艺,接线、线号是否正确等。

检查步骤为:对照电气控制线路原理图或电气安装接线图,先主电路后控制电路,从上到下从左到右逐线检查核对。按照上述检查项和检查步骤检查完毕后,将线路检查结果记录于表 3.2.2 中。

表 3.2.2 线路检查记录表

检查对象	检查内容	是否合格	备 注
主电路	导线类型		
	接线是否牢固		
	压线是否合格		
	线号是否正确		
	接线是否齐全		
	接线工艺		
控制电路	导线类型		
	接线是否牢固		
	压线是否合格		
	线号是否正确		
	接线是否齐全		
	接线工艺		

2. 仪表检测

仪表检测主要包括主电路通断检测和控制电路通断检测。

1) 主电路通断检测

主电路的通断检测内容和步骤如下：

(1) 万用表挡位选择 200 Ω 欧姆挡。

(2) 在接线端子排 XT 上选定测量点。

电动机连续运行控
制线路主电路调试

(3) 进行 L1 - U、L2 - V 和 L3 - W 各段的"断"测试。若万用表显示
∞，则正常，否则存在故障。

(4) 进行 L1 - U、L2 - V 和 L3 - W 各段的"通"测试。若万用表显示趋近于 0 Ω，则正
常，否则存在故障。

(5) 进行 L1 - L2、L2 - L3 和 L1 - L3 各段的"绝缘"测试。若万用表显示∞，则正常，
否则存在故障。

注意：用手压下接触器衔铁架来代替接触器得电吸合。

检查主电路通断情况时，分别在接线端子排 XT 上选定测量段 L1 - U、L2 - V、L3 - W，
调整万用表挡位旋钮至 200 Ω 挡。若不对电气元件做任何操作，则选定的 3 个测量段的测量
值应为无穷大，即万用表应显示溢出标志 OL(断开状态)；若逐一合闸空气开关 QF，手动压
下接触器 KM1 触点架，则 3 个测量段的测量值应该是趋近于 0 Ω(接通状态)。检测完毕，将
检测结果记录于表 3.2.3 中。

表 3.2.3　主电路通断检测记录表

测 试 状 态	测量段	电阻值	正常与否	备注
"断"测试(无动作)	L1 - U			
	L2 - V			
	L3 - W			
"通"测试 (按住 KM1 触点架不动)	L1 - U			
	L2 - V			
	L3 - W			
"绝缘"测试	L1 - L2			
	L1 - L3			
	L2 - L3			

2) 控制电路通断检测

控制电路通断检测内容和步骤如下：

(1) 万用表挡位选用 2 kΩ 欧姆挡。

(2) 选定测量点，进行短路故障检测。在本任务安装线路板上选测量
点 U11 和 V11，用万用表表笔测量两点之间的电阻，即控制电路的两个进
线端子之间的电阻。此时万用表读数应为"∞"，否则控制电路存在短路故
障，一般为 SB2 或 KM1 自锁触点的接线故障。

电动机连续运行控
制线路控制电路调试

（3）启动按钮 SB2、KM1 自锁触点功能检测。若按住启动按钮 SB2 不动，万用表读数应为接触器 KM1 线圈的电阻值，约 0.7 kΩ（阻值和选用的接触器型号有关），否则控制线路存在断路故障，一般是 SB1、SB2 接线等故障；若压住接触器的衔铁架不动，万用表读数也应约为 0.7 kΩ，否则 KM1 的自锁触点处有故障，一般是接线错误。

（4）停车按钮 SB1 功能检测。按下启动按钮 SB2 不动，万用表读数应为 0.7 kΩ，再同时按住停车按钮 SB1，万用表读数应由 0.7 kΩ 变为 ∞，否则 SB1 处有故障。

检测完毕，将检测结果记录了列表 3.2.4 中。

表 3.2.4 控制电路检测通/断测试

测试步骤（闭合 QF2）	测量点	电阻值	正常与否	备注
短路故障测试	U11 - V11			
SB2 功能测试（闭合 SB2）	U11 - V11			
KM1 自锁触点测试（闭合 KM1）	U11 - V11			
SB1 功能测试（先按住 SB2 不动，再按 SB1）	U11 - V11			

注意：安装线路板不通电检测前一定要切断其供电电源。

二、通电试车检测

对于经验不足的操作人员，在通电试车检测环节，必须经指导老师或带班师傅允许并在其监护下方可进行。

若电动机连续运行控制线路不通电检测结果正常，则可进入通电试车检测调试阶段。通电试车检测包括空载试车检测和带载试车检测，先进行空载试车检测，观察电气元件动作情况，后进行带载试车检测，观察电动机运行情况。

1. 空载试车检测（不接电动机）

实际操作步骤如下：

（1）暂不接电动机，只接通控制电路供电电源。

（2）按下启动按钮 SB2，观察接触器 KM1 触点架是否能一直吸合，若吸合则电路正常，否则电路有故障。

（3）首先按下 SB2，接触器 KM1 触点架吸合，然后再按下停车按钮 SB1，观察 KM1 触点架是否释放，若是则电路正常，否则有故障。

若上述任一步骤有故障，应立即停车并切断电源开关（最好物理断电），检查故障原因，找出故障。切记，未查明原因不得强行送电。

注意：空载试车完毕，应及时切断电路供电电源，恢复所有操作手柄于原位（断电状态）。

2. 带载试车检测（接电动机）

若空载试车检测正常，则可进入带载试车测试阶段。

实际操作步骤如下：

电动机连续运行
控制线路带载试车

（1）将电动机正确接入线路安装板，接通供电电源。

（2）按下启动按钮 SB2，观察电动机的转动、转向及声音是否正常，若正向转动且声音正常，则电路工作正常，否则有故障。

（3）在电机运行状态下，按下停车按钮 SB1，观察电动机能否正常停止转动。

若上述任一步骤发现异常，应立即停车并切断电源进行故障检测，查出故障点。切记，未查明原因不得强行送电。

注意：带载试车完毕，应及时切断电路供电电源，恢复所有操作手柄于原位（断电状态）。

3. 试车注意事项

（1）通电试车检测必须在指导老师的监护下进行。

（2）调试前必须熟悉线路结构、功能和操作规程。

（3）通电时，先接通总电源，后接通分电源；断电时，顺序相反。

（4）接入电动机前，确保线路处于断电状态。

（5）电动机和线路安装板必须安放平稳，其金属外壳必须可靠接地。

（6）通电后，注意观察运行情况，做好随时停车准备，防止意外事故发生。

三、常见故障与排查

本任务控制线路的常见故障一般有控制电路短路、启动按钮 SB2 不起作用、接触器 KM1 自锁触点不起作用、电动机运行声音异常等故障。

本任务的控制线路的安装与调试通常是学生的前期实训任务，学生对故障排查经验还不足，建议故障排查采用不通电电阻检测法，此方法较安全，便于学生使用。

不通电电阻测量法包括下面两种方法。

1. 分阶电阻测量法

本任务控制线路常见故障可采用分阶电阻测量法排查，如图 3.2.1 所示。先断开电源，按下启动按钮 SB2 不放，用万用表 2 kΩ 电阻挡测量 5-1 之间电阻。若电阻值无穷大，则说明电路断路，应该进行下一步详细故障排查。详细步骤为：万用表一表笔接触于 5 点不动，另一表笔逐个测量 4、3、2 各点的电阻值。若测量某点时电阻突然增大，说明此点与前一点之间的连线断路或接触不良，需要再进一步排查此处触点连线即可查出故障点。

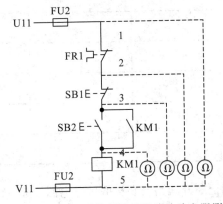

图 3.2.1　电动机连续控制线路故障分阶电阻测量法

2. 分段电阻测量法

分段电阻测量法也可用于控制线路的故障排查，如图 3.2.2 所示。首先断开电源，按下启动按钮 SB2 不放，用万用表 2 kΩ 电阻挡测量 5-1 之间电阻，若电阻值无穷大，则说明电路断路。然后用万用表表笔分段测量 4-3、3-2、2-1 各段的电阻值，若某两点间电阻值很大，则说明这段电路的连线断路或接触不良，进一步排查此处触点连线即可查出故障点。

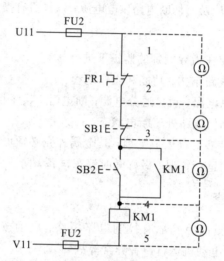

图 3.2.2　电动机连续控制线路故障分段电阻测量法

在电动机连续运行控制线路中，若遇见常见故障可用上述不通电电阻测量法进行故障排查。故障排查完毕，如需上电检测，应经指导老师同意并在其监护下进行。故障排除完毕，将故障排查情况如实记录于表 3.2.5 中。

表 3.2.5　电动机连续运行控制线路故障点记录

故障回路	故障描述	故障点	排除与否
主电路			
控制电路			

注意：故障检测前，切记断开线路安装板的供电电源，做到物理断电，即断开电源线。

四、文件存档

本控制线路调试完毕，将其调试与故障排查记录等材料按顺序整理于任务工单中进行保档。其任务工单见表 3.2.6。

表 3.2.6　任务工单：电动机连续运行控制线路调试

院系		班级		姓名		学号	
日期		地点		教师		课时	
课程名称							
实训任务			电动机连续运行控制线路调试				
操作要求							
任务分工及计划							
检测内容		具体内容	操作步骤				
		不通电检测					
		通电检测					
		故障检修					
调试与故障排查结果汇总							
任务重点和要点							
存在问题和解决方法							

任务评价

电动机连续控制线路的调试任务考核评价见表 3.2.7。

表 3.2.7　任务评价表：电动机连续运行控制线路调试

组名/组员				班级	
任务名称		电动机连续运行控制线路调试		得分	
序号	主要内容	考核要求	评分细则	配分	赋分
1	不通电检测	能按正确步骤和要求进行检测并正确分析问题	1. 步骤和结果正确 20 分 2. 问题分析正确 10 分	30	
2	通电试车检测	按正确步骤和要求进行通电试车检测	1. 空载试车一次成功 10 分 2. 带载试车一次成功 10 分	20	
3	故障排查	按正确步骤和要求进行故障排查	1. 会分析故障 5 分 2. 排查故障 10 分 3. 排除故障 5 分	20	
任务得分(70 分)					
4	安全操作			20	
5	文明操作			10	
职业素养与操作规范得分(30 分)					
总得分(100 分)					

任务拓展

请在完成本任务的基础上，自行完成电动机多地控制线路的调试工作。

任务三　电动机正/反转控制线路的安装与调试

任务描述

本任务是根据电动机正/反转线路原理图，制作其安装工艺计划，绘制其电气元件布置图和电气安装接线图，以及完成电气元件的选用和检查，并按照安装工艺计划完成电动机正/反转控制线路的安装；对安装完毕的电气控制线路进行不通电检测和通电试车检测，并根据检测时发现的问题进行故障分析，找出故障点并排除。

1. 任务目标

(1) 熟悉电动机正/反转控制线路的工作原理。

(2) 能按电动机正/反转控制线路原理图正确选取电气元件并对其检测。

(3) 能进行电动机正/反转控制线路的安装工艺流程制作。

(4) 按电动机正/反转控制线路安装工艺流程进行线路安装、调试与检修。

2. 任务步骤

(1) 分析电气原理图，按图配备电气元件，并对其进行检测。

(2) 绘制电动机正/反转控制线路电气元件布置图和电气安装接线图。

(3) 按工艺要求完成电动机正/反转控制线路的安装。

(4) 对电动机正/反转控制线路进行不通电检测。

(5) 对电动机正/反转控制线路进行通电试车检测。

(6) 按(4)、(5)步骤的检测结果进行故障排查。

3. 实训工具、仪表和器材

(1) 实训工具：螺钉旋具(大十字、大一字、小一字)、剥线钳、尖嘴钳和镊子等。

(2) 仪表：数字万用表一套。

(3) 实训器材：电动机正/反转控制线路安装所用实训器材如表 3.3.1 所示。

表 3.3.1　电动机正/反转控制线路所用实训器材清单

文字符号	器件名称	型号规格	数量	备注
QF	断路器	HDBE - 63/3P/1P	各 1	—
FU	熔断器	RT14 - 20 3P/1P	各 1	—
KM	交流接触器	CJX2 - 0911	2	—
FR	热继电器	NR4 - 63	1	—
SB	启停按钮	LAY7 - 11BN	红 1，绿 2	—
XT	接线端子	TB2515	1	—
M	电动机	三相鼠笼式电动机	1	≤5.5 kW；380 VY/△
—	网孔板	孔距 10 mm×5 mm	1	—
BVR	导线	1 mm	若干	JS14P - 99S
—	线鼻子(针)	1 mm	若干	—
—	线槽		若干	—

4. 安全操作

(1) 遵守实训室规章制度和安全操作规范。

（2）初学者尽量采用"通电看现象，断电查故障"的排除故障方法。

（3）上电试车或故障排查，需经老师允许，若有异常应立即停车。

（4）工作结束，关闭电源和万用表。

知识储备

在实际应用中，往往要求生产机械能根据需要改变运动方向，如工作台前进、后退，电梯上升、下降等，这就要求提供原动力的电动机能实现正、反转控制。电动机正/反转控制线路在工业和农业生产中应用广泛。

一、形程开关

行程开关（SQ）又称限位开关，是一种常用的小电流主令电器，是利用生产机械运动部件上的挡铁碰撞其滚轮使触头动作来实现接通或分断的控制电路。行程开关广泛用于各类机床和起重机械，用来限制机械运动的位置或行程，使运动机械按一定位置或行程自动停止、反向运动、变速运动或自动往返运动等，其实物外形如图 3.3.1 所示。

图 3.3.1 行程开关实物

1. 分类和结构

行程开关按结构分为直动式（或称按钮式）、滚轮式、微动式三种。一般由操作机构、触头系统和外壳组成，如图 3.3.2 所示。

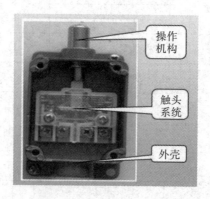

图 3.3.2 行程开关结构图

1）直动式行程开关

直动式行程开关结构简单，成本低，结构和实物如图 3.3.3 所示。

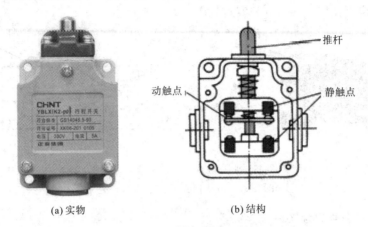

(a) 实物　　　　　　　　　(b) 结构

图 3.3.3　直动式行程开关

动作原理：外界运动部件碰压按钮使其触头动作，即常闭触点断开，常开触点闭合，动断触点断开；运动部件离开后，在弹簧作用下，各个触头自动复位。

此类行程开关的触头分合速度取决于撞块移动的速度。若撞块移动速度太慢，则触点就不能瞬时切断电路，不宜用在撞块移动速度小于 0.4 m/min 的场合。

2）滚轮式行程开关

滚轮式行程开关采用能瞬时动作的滚轮旋转式结构，能保证其可靠动作，适用于低速运动的机械，其结构和实物如图 3.3.4 所示。

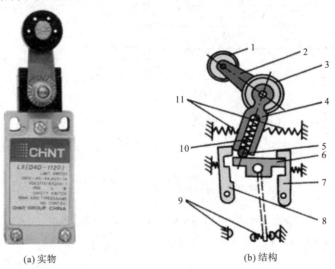

(a) 实物　　　　　　　　　(b) 结构

1—滚轮；2—上转臂；3，10，11—弹簧；4—套架；5—滑轮；6—模板；7，8—压板；9—触点。

图 3.3.4　滚轮式行程开关结构示意图

动作原理：被控机械上的撞块撞击带有滚轮的撞杆时，撞杆会转向右边，开始带动凸轮转动，顶下推杆，使微动开关中的触点迅速动作。当运动机械返回时，在复位弹簧的作用下，各部分动作部件复位。

3）微动式行程开关

微动式行程开关采用弯片状弹簧（弓簧片）瞬动机构，具有体积小、动作灵敏的特点，适合在小型机构中使用。其结构和实物如图 3.3.5 所示。

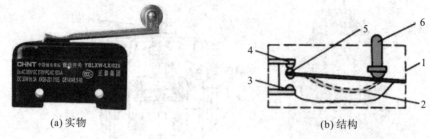

(a)实物　　　　　　　　　　　　(b)结构

1—外壳；2—弓簧片；3—常开触点；4—常闭触点；5—动触点；6—推杆。

图 3.3.5 微动行程开关结构示意图

2. 行程开关型号的含义

行程开关型号的含义如图 3.3.6 所示。

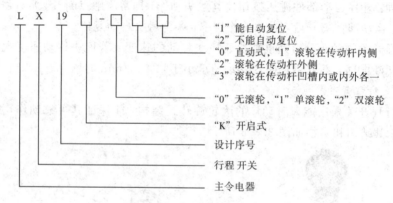

"1"能自动复位
"2"不能自动复位
"0"直动式，"1"滚轮在传动杆内侧
"2"滚轮在传动杆外侧
"3"滚轮在传动杆凹槽内或内外各一

"0"无滚轮，"1"单滚轮，"2"双滚轮

"K"开启式

设计序号

行程开关

主令电器

图 3.3.6 行程开关型号含义

3. 图形符号

行程开关的图形符号如图 3.3.7 所示

(a)动合触点　　(b)动断触点　　(c)复合式触点

图 3.3.7 行程开关的图形符号

4. 安装注意事项

（1）安装位置要准确，安装要牢固；滚轮的方向不能装反，挡铁与其碰撞的位置应符合控制线路的要求，并确保能可靠地与挡铁碰撞。

（2）注意应用场合的环境。如果应用场合的环境比较恶劣，则要选择 IP 等级较高的行程开关。像电力行业一般要用带磁吹灭弧式行程开关，这样可以承受比较大的直流电流。

（3）行程开关用于限位时，需要把开关的常闭触点和控制线路串联起来；用于接通其他电路时，则需要把开关的常开触点和相应的控制线路串联起来。

（4）安装时，电源的火线先接到行程开关的公共点，从公共点出来后接常开触点或常闭触点视行程开关的用途而定，然后接到接触器的 A1 点，A2 点接零线并将行程开关安装在需要限位的位置上，调整好接触距离后将开关的常闭触点串接在控制回路中，即安装完毕。

（5）使用中要定期检查和保养行程开关，除去油垢及粉尘，清理触头，经常检查其动作是否灵活、可靠，防止因行程开关触头接触不良或接线松脱产生误动作而导致设备和人身安全事故。

二、电动机正/反转控制原理

生产设备经常需要向正/反两个方向运动，例如机床主轴的正转和反转、工作台的前进和后退、吊车的上升和下降等，其实质都是电动机的正/反转控制。要实现生产设备向正/反两个方向运动，只需将控制生产设备的电动机的三相供电电源任意两相对调即可实现，其原理详见模块三的任务一内容。

1. 无互锁的电动机正/反转控制线路

无互锁的电动机正/反转控制线路是在电动机连续运行控制线路的基础上，在主电路中增设一个接触器 KM2 主触点以供电动机供电电源换相用，并利用两个接触器和三个按钮组成正/反转控制电路，其原理如图 3.3.8 所示。

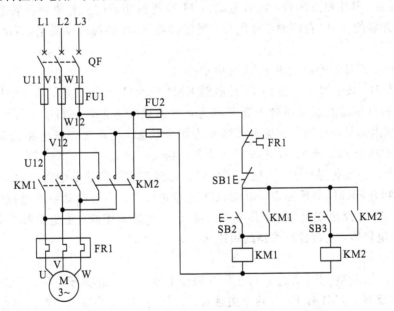

图 3.3.8　无互锁的电动机正/反转控制线路原理图

1）识读线路图

无互锁的电动机正/反转控制线路原理图由主电路和控制电路两部分构成。其原理图的左半边为主电路，右半边为控制电路。主电路包括三相工作电源 L1、L2、L3，隔离开关 QF，熔断器 FU1，接触器 KM1 与 KM2 主触点，热继电器 FR1 的热元件和电动机 M，流过电流较大。控制电路包括供电电源 L2，熔断器 FU2，按钮 SB1、SB2 与 SB3，接触器的常开辅助触点 KM1 与 KM2，热继电器常闭辅助触点 FR1，接触器线圈 KM1、KM2，流过电流较小。

从主电路可以看出，KM1 和 KM2 的主触头是不允许同时闭合的，否则会发生相间短路。

在图 3.3.8 中，KM1 为正转接触器，KM2 为反转接触器，SB2 为正转按钮，SB3 为反转按钮。正转接触器 KM1 主触头使三相电源（L1、L2、L3）和电动机绕组（U、V、W）按相序分别连接，即 L1 - U、L2 - V、L3 - W 相接；反转接触器 KM2 主触头把三相电源（L1、L2、L3）和电动机绕组（U、V、W）按反相序分别连接，即 L1 - W、L2 - V、L3 - U 相接。

元件作用：空气开关 QF 主要作为电源隔离使用，熔断器 FU1、FU2 用于短路保护，接触器 KM1、KM2 起自动控制作用，热继电器 FR1 用于过载保护，电动机 M 作为动力拖动使用，按钮 SB1、SB2 和 SB3 为主令电器，用于手动发出控制信号（启停按钮）。

2）工作原理

无互锁的电动机正/反转控制线路工作过程如下：

（1）启动时，先合上电源开关 QF。正转时，需按下正转启动按钮 SB2，接触器 KM1 线圈得电，其衔铁吸合，KM1 主触点闭合，电动机 M 接通三相电源正转运行，同时，与 SB2 并联的 KM1 自锁触点也闭合，使接触器 KM1 线圈持续供电，从而保证电动机连续正转。反转时，需先按下停车按钮 SB1，使接触器 KM1 线圈失电后，再按下反转启动按钮 SB3，KM2 衔铁吸合，其主触点闭合，此时电动机 M 接通换相后的三相电源反转启动运行，同时，与 SB3 并联的 KM2 自锁触点也闭合，使接触器 KM2 线圈持续供电，从而保证电动机连续反转。

注意：严禁直接切换电动机正/反转启动按钮。

（2）停车时，按下停车按钮 SB1，接触器 KM1 或 KM2 线圈失电，其衔铁释放复位，带动其主触点和自锁触点复位而处于断开状态，电动机断电停转。当手松开停车按钮 SB1 后，SB1 在其内部复位弹簧的作用下又恢复为闭合状态，但此时控制电路已经断开，只有再次按下启动按钮 SB2 或 SB3，电动机才能重新启动运转。

（3）在电动机运行过程中，当电动机出现长时间过载而使热继电器 FR1 动作时，其常闭辅助触点断开，KM1 线圈断电，电动机断电停止转动，实现电动机的过载保护。同样，若主电路或控制电路出现短路时，熔断器 FU1、FU2 熔芯熔断，主电路和控制电路断电，电动机 M 断电停转，实现控制线路的短路保护。

3）线路缺点

若该控制线路存在安全隐患，只能作为理论分析，不适合实际应用，因为如果直接切换电动机正/反转，KM1 和 KM2 两个接触器线圈同时得电，会造成主电路供电电源相间短路，从而发生事故。

2. 电气互锁的电动机正/反转控制线路

无互锁的电动机正/反转控制线路虽然简单，但是容易因操作失误而造成电源相间短路。为了克服上述线路的缺点，常用具有电气互锁的电动机正/反转控制线路，其原理如图 3.3.9 所示。

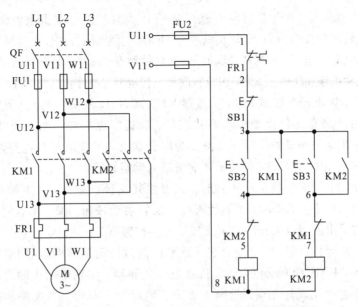

图 3.3.9　电气互锁的电动机正/反转控制线路原理图

1）识读线路图

电气互锁的电动机正/反转控制线路原理图由主电路和控制电路两部分构成。其原理图的左半边为主电路，右半边为控制电路。主电路包括三相工作电源 L1、L2、L3，隔离开关 QF，熔断器 FU1，接触器 KM1、KM2 主触点，热继电器 FR1 的热元件和电动机 M，流过电流较大。控制电路包括供电电源接入端 U11 与 V11，熔断器 FU2，按钮 SB1、SB2、SB3，接触器的常开触点 KM1、KM2，接触器的常闭触点 KM1、KM2，热继电器常闭触点 FR1，接触器线圈 KM1、KM2，流过电流较小。

在图 3.3.9 中，KM1 为正转接触器，KM2 为反转接触器，SB2 为正转启动按钮，SB3 为反转启动按钮。正转接触器 KM1 主触头使三相电源(L1、L2、L3)和电动机绕组(U1、V1、W1)按相序分别相连接，即 L1 - U1、L2 - V1、L3 - W1 相接；反转接触器 KM2 主触头使三相电源(L1、L2、L3)和电动机绕组(U1、V1、W1)按反相序分别相连接，即 L1 - W1、L2 - V1、L3 - U1 相接。

元件作用：空气开关 QF 主要作为电源隔离使用，熔断器 FU1、FU2 用于短路保护，接触器 KM1、KM2 起自动控制作用，热继电器 FR1 用于过载保护，电动机 M 作为动力拖动使用，按钮 SB1、SB2、SB3 为主令电器，用于手动发出控制信号(启停按钮)。

2）工作原理

电气互锁的电动机正/反转控制线路工作过程如下：

(1) 启动时，先合上电源开关 QF。正转时，需按下正转启动按钮 SB2，接触器 KM1 线圈得电，其衔铁吸合，KM1 主触点闭合，电动机 M 接通三相电源正转运行。另外，与 SB2 并联的 KM1 自锁触点也闭合，使接触器 KM1 线圈持续供电，从而保证电动机连续正转。与此同时，串联在另一个接触器线圈支路中的 KM1 辅助常闭触点断开，这时，如果按下反转启动按钮 SB3，KM2 的线圈也不会通电，这就保证了电路的安全。这种将一个接触器的辅助常闭触点串联在另一个线圈的电路中，使两个接触器相互制约的控制，称为互锁控制。利用接触器(或继电器)的辅助常闭触点的互锁，称为电气互锁(或接触器互锁)。

（2）反转时，需先按下停车按钮 SB1，接触器 KM1 线圈失电，其常开主触点和常闭辅助触点复位，再按下反转启动按钮 SB3，KM2 衔铁吸合，KM2 主触点闭合，电动机 M 接通换相后的三相电源反转启动运行；同时，与 SB3 并联的 KM2 自锁触点也闭合，使接触器 KM2 线圈持续供电，从而保证电动机连续反转。反之，由反转改为正转也要先按停止按钮 SB1，否则无效。

（3）停车时，按下停车按钮 SB1，接触器 KM1 或 KM2 线圈失电，其衔铁释放复位，带动其主触点和自锁触点复位而处于断开状态，电动机断电停转。当手松开停车按钮 SB1 后，SB1 在其内部复位弹簧的作用下又恢复为闭合状态，但此时控制电路已经断开，只有再次按下启动按钮 SB2 或 SB3，电动机才能重新启动运转。

操作注意事项：当电动机正在正转时，如要使其反转，需要先按下停车按钮 SB1，令 KM1 失电，KM1 常开主触头断开，然后再按下反转启动按钮 SB3，才能使 KM2 得电，电动机反转。反之，由反转改为正转也要先按下停止按钮 SB1。

（4）在电动机运行过程中，当电动机出现长时间过载而使热继电器 FR1 动作时，其常闭辅助触点断开，KM1 线圈断电，电动机断电停止转动，实现电动机的过载保护。同样，若主电路或控制电路出现短路时，熔断器 FU1、FU2 熔芯熔断，主电路和控制电路断电，电动机 M 断电停转，实现控制线路的短路保护。

3）线路优点

本控制线路操作安全、可靠，具有防止电源电压严重下降时电动机欠压运行和防止电源电压突然断电后又恢复时电动机自行启动而造成设备与人身事故的功能。

3. 按钮互锁的正/反转控制线路

在电动机正/反转控制线路中除采用电气互锁外，还可采用机械互锁。如图 3.3.10 所示，SB2 和 SB3 的常闭按钮串联在对方的常开触点电路中。这种利用按钮的常开、常闭触点在电路中互相牵制的接法，称为机械互锁（按钮互锁）。当需要改变电动机的转向时，只要按下反转按钮就可实现，不必先按停止按钮。对于一些功率较小的允许直接正/反转的电动机，采用这种控制线路会比较方便。

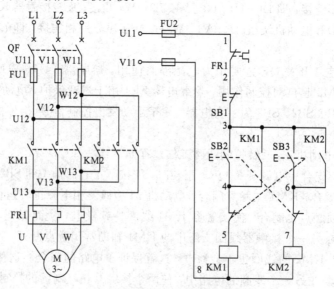

图 3.3.10　按钮互锁的电动机正/反转控制线路原理图

1）识读线路图

按钮互锁的电动机正/反转控制线路原理图由主电路和控制电路两部分构成。其原理图的左半边为主电路，右半边为控制电路。其主电路、控制电路结构组成类似于电气互锁的电机正/反转控制线路，区别是把互锁触点换成两个正/反转启动按钮 SB2、SB3 的常闭触点。

在图 3.3.10 中，KM1、KM2、SB1、SB、SB3 等元件在控制线路中所起的作用与前面的电气互锁电机正/反转控制线路相同。主电路结构与前面的电气互锁电动机正/反转控制线路的主电路结构也完全相同。

2）工作原理

按钮互锁的电动机正/反转控制线路工作过程如下：

（1）启动时，先合上电源开关 QF。正转时，需按下正转启动按钮 SB2，接触器 KM1 线圈得电，其衔铁吸合，KM1 主触点闭合，电动机 M 接通三相电源正转运行。另外，与 SB2 并联的 KM1 自锁触点也闭合，使接触器 KM1 线圈持续供电，从而保证电动机连续正转。反转时，只需按下反转启动按钮 SB3，串联在 KM1 线圈回路中 SB3 的常闭触头首先断开，随即 KM1 主触点复位即断开，然后 KM2 线圈得电，KM2 主触点闭合，电动机反转。

注意： 按钮动作特点是常闭先断开，常开后闭合。

（2）停车时，操作步骤、控制线路中各个元件先后动作过程及控制原理和电气互锁的电动机正/反转控制线路的停车过程相同，这里不再赘述。

4. 双重互锁的正/反转控制线路

对于一些功率较小的电动机，允许直接正/反转切换控制，除了上述的按钮互锁的控制线路外，电气、机械双重互锁的控制线路也是最可靠的电动机正/反转控制线路，其原理如图 3.3.11 所示。

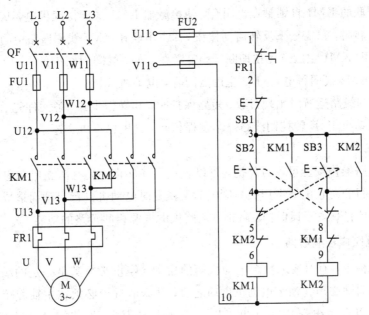

图 3.3.11　双重互锁的电动机正/反转控制线路原理图

1）识读线路图

双重互锁的电动机正/反转控制线路原理图由主电路和控制电路两部分构成。其原理图的左半边为主电路，右半边为控制电路。主电路包括三相工作电源 L1、L2、L3，隔离开关 QF，熔断器 FU1，接触器 KM1、KM2 主触点，热继电器 FR1 的热元件和电动机 M，流过电流较大。控制电路包括供电电源接线端 U11 与 V11、熔断器 FU2、正转启动按钮 SB2 及其常闭触点、停车按钮 SB1、反转启动按钮 SB3 及其常闭触点、接触器的常开触点 KM1 及 KM2、接触器的常闭触点 KM1 及 KM2、热继电器常闭触点 FR1、接触器线圈 KM1 及 KM2，流过电流较小。

在图 3.3.11 中，KM1 为正转接触器，KM2 为反转接触器，SB2 为正转启动按钮，SB3 为反转启动按钮。正转接触器 KM1 主触头使三相电源(L1、L2、L3)和电动机绕组(U、V、W)按相序分别相连接，即 L1 - U、L2 - V、L3 - W 相接；反转接触器 KM2 主触头使三相电源(L1、L2、L3)和电动机绕组(U、V、W)按反相序分别相连接，即 L1 - W、L2 - V、L3 - U 相接。

元件作用：空气开关 QF 主要作为电源隔离使用，熔断器 FU1、FU2 用于短路保护，接触器 KM1、KM2 起自动控制作用，热继电器 FR1 用于过载保护，电动机 M 作为动力拖动使用，按钮 SB1、SB2、SB3 为主令电器，用于手动发出控制信号(启停按钮)。

2）工作原理

双重互锁的电动机正/反转控制线路工作过程如下：

（1）启动时，先合上电源开关 QF。正转时，需按下正转启动按钮 SB2，接触器 KM1 线圈得电，KM1 主触点闭合，KM1 辅助常闭触点断开，即确保只要不按下 SB3，KM2 线圈回路就不得电，这就保证了控制线路的安全，同时电动机 M 接通三相电源正转运行。另外，与 SB2 并联的 KM1 自锁触点也闭合，使接触器 KM1 线圈持续供电，从而保证电动机连续正转。反转时，只需按下反转启动按钮 SB3，串联在 KM1 线圈回路中的 SB3 常闭触头首先断开，随即 KM1 主触点复位即断开，串联在 KM2 线圈回路中的 KM1 常闭辅助触点复位即闭合，KM2 线圈得电，KM2 主触点闭合，电动机反转。

（2）停车和线路运行时出现过载、短路保护时，其操作步骤、各元件先后动作顺序等与电气互锁的电动机正/反转控制线路停车过程相同，这里也不再赘述。

3）电路优点

本控制线路操作安全可靠且便捷，可以直接切换转向，具有防止电源电压严重下降时电动机欠压运行和防止电源电压突然断电后又恢复时电动机自行启动而造成设备与人身事故的功能，还具有双重互锁保护、防止主电路供电电源相间短路的功能。

5. 电动机顺序控制线路

在生产机械中，有时要求数台电动机间的启动、停止必须满足一定的顺序，如机床的主轴电动机的启动必须在油泵电动机启动之后，钻床的进给必须在主轴旋转之后等。实现顺序控制既可以在主电路中实现也可以在控制电路中实现。顺序控制线路原理图如图 3.3.12 所示。

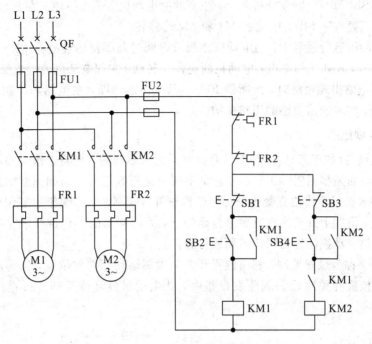

图 3.3.12　电动机顺序控制线路原理图

1）识读线路图

电动机顺序控制线路原理图由主电路和控制电路两部分构成。其原理图的左半边为主电路，右半边为控制电路。主电路包括三相工作电源 L1、L2、L3，隔离开关 QF，熔断器 FU1，接触器 KM1、KM2 主触点，热继电器 FR1 的热元件和电动机 M，流过电流较大。控制电路包括熔断器 FU2、启动按钮 SB2 与 SB4 及其常闭触点、停车按钮 SB1 及 SB3、接触器 KM1 及 KM2 的常开触点、热继电器常闭触点 FR1 及 FR2、接触器 KM1 及 KM2 线圈，流过电流较小。

元件作用：空气开关 QF 主要作为电源隔离使用，熔断器 FU1、FU2 用于短路保护，接触器 KM1、KM2 起自动控制作用，热继电器 FR1 及 FR2 用于过载保护，电动机 M1 及 M2 作为动力拖动使用，按钮 SB1、SB2、SB3、SB4 为主令电器，用于手动发出控制信号用（启停按钮）。

2）工作原理

电动机顺序控制线路工作过程如下：

（1）启动时，先合上电源开关 QF，当按下 SB2 使电动机 M1 启动运转，接触器 KM1 的另一对常开触头串联在接触器 KM2 线圈的控制电路中，再按下 SB4，电动机 M2 才会启动运转。这种只有先启动电动机 M1，电动机 M2 才可以启动的控制线路称为电动机的顺序启动运行控制线路。

（2）停车时，若只让电动机 M2 停转，则只需按下 SB3，则相对应接触器 KM2 线圈失电，其衔铁释放复位，带动其主触点和自锁触点复位为断开状态，电动机 M2 断电停转。当手松开停车按钮 SB3 后，在其内部复位弹簧的作用下又恢复为闭合状态，但此时控制电路已经断开，只有再次按下启动按钮 SB4，电动机 M2 才能重新启动运转。若要 M1 电动机停转,则需按下 SB1 即可,原理分析同上,注意此时电动机 M2 也停转。在此线路中,SB1 相当于总开关,只要按下 SB1,电动机 M1 和 M2 均停转。

(3)在电动机运行过程中,当电动机出现长时间过载而使热继电器 FR1 动作时,其常闭辅助触点断开,KM 线圈断电,电动机断电停止转动,实现电动机的过载保护。同样,若主电路或控制电路出现短路时,熔断器 FU1、FU2 熔芯熔断,主电路和控制电路断电,电动机断电停转,实现控制线路的短路保护。

6. 行程控制线路

一些机械设备(如车床)的运动部件是由电动机来驱动的,它们工作时并不是一直朝着一个方向运行,而是根据实际工艺和安全的需要能进行其运行方向和速度的控制。像有的生产工艺会要求按行程或位置变化来对生产机械进行控制,例如铣床的工作台到极限位置时会自动停止,吊钩上升到终点时要求自动停止,龙门刨床的工作台要求在一定范围内自动往返等,这类自动控制称为限位控制或行程控制。

限位控制又称为位置控制,利用位置开关来检测运动部件的位置,当运动部件运动到指定位置时,位置开关给控制线路发出指令,让电动机停转或反转。行程控制线路如图3.3.13 所示。

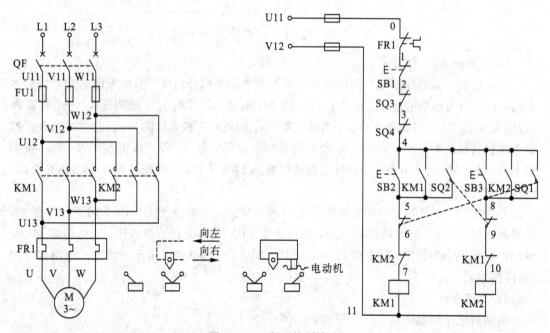

图 3.3.13 行程控制线路

图 3.3.13 所示的行程控制线路为工作台自动往返控制线路,主要由 4 个行程开关来进行控制与保护,其中 SQ1、SQ2 装在机床床身上,用来控制工作台的自动往返,SQ3 和SQ4 用来作为终端保护,即限制工作台的极限位置。在工作台的 T 形槽中装有挡块,当挡块碰撞行程开关后,能使工作台停止和换向,这样工作台就能实现往返运动。工作台的行程可通过移动挡块位置来调节,以适应加工不同的工件。

图中的 SQ3 和 SQ4 分别安装在向左或向右的某个极限位置上。如果 SQ1 或 SQ2 失灵时,工作台会继续向左或向右运动,当工作台运行到极限位置时,挡块就会碰撞 SQ3 或

SQ4，从而切断控制线路，迫使电动机 M 停转，工作台就停止移动。SQ3 和 SQ4 实际上起终端保护作用，因此称为终端保护开关，简称终端开关。

1）识读线路图

行程控制线路原理图由主电路和控制电路两部分构成。其原理图的左半边为主电路，右半边为控制电路。主电路包括三相工作电源 L1、L2、L3，隔离开关 QF，熔断器 FU1，接触器 KM1、KM2 主触点，热继电器 FR1 的热元件和电动机 M，流过电流较大。控制电路包括供电电源接线端 U11 与 V11、熔断器 FU2、限位开关 SQ3、SQ4、正转启动按钮 SB2 及其常闭触点、两个行程开关的常开触点 SQ1 和 SQ2、两个行程开关的常闭触点 SQ1 和 SQ2、停车按钮 SB1、反转启动按钮 SB3 及其常闭触点、接触器的常开触点 KM1 和 KM2、接触器的常闭触点 KM1 和 KM2、热继电器常闭触点 FR1、接触器线圈 KM1 和 KM2，流过电流较小。

在图 3.3.13 中，KM1 为正转接触器，KM2 为反转接触器，SB2 为正转启动按钮（向右），SB3 为反转启动按钮（向左）。正转接触器 KM1 主触头使三相电源（L1、L2、L3）和电动机绕组（U、V、W）按相序分别相连接，即 L1 - U、L2 - V、L3 - W 相接；反转接触器 KM2 主触头使三相电源（L1、L2、L3）和电动机绕组（U、V、W）按反相序分别相连接，即 L3 - U、L2 - V、L1 - W 相接。

元件作用：空气开关 QF 主要作为电源隔离使用，熔断器 FU1、FU2 用于短路保护，接触器 KM1、KM2 起自动控制作用，热继电器 FR1 用于过载保护，电动机 M 作为动力拖动使用，按钮 SB1、SB2、SB3 为主令电器，用于手动发出控制信号用（启停按钮），SQ1 和 SQ2 控制机械运动部件行程的行程开关，SQ3 和 SQ4 是限制机械运动部件极限运行位置的行程开关。

2）工作原理

行程控制线路工作过程如下：

（1）启动时，先合上电源开关 QF，若需工作台正向（向右）运行，需按下正向启动按钮 SB2，接触器 KM1 线圈得电，KM1 主触点闭合，电动机 M 正转，驱动工作台正向运行；同时，与 SB2 并联的 KM1 自锁触点闭合，使接触器 KM1 线圈持续供电（自锁），从而保证电动机连续正转；KM1 辅助常闭触点断开，使 KM2 线圈无法得电（只要不碰触行程开关 SQ1），实现 KM1、KM2 之间的互锁控制，保证了控制线路的安全。

（2）方向控制。当工作台正向运行至指定位置 SQ1 时，其上安装的挡铁碰撞 SQ1，使 SQ1 常闭触点断开，KM1 线圈断电，电动机此时断电自动停止正转，到达运动部件的右极限位置；串联在 KM2 线圈回路上的 SQ1 常开触点闭合，KM2 线圈得电，KM2 主触点闭合，电动机又开始反转，工作台反向运行；与 SQ1 并联的 KM2 自锁触点闭合，使接触器 KM2 线圈持续供电（自锁），从而保证电动机连续反转；KM2 辅助常闭触点断开，使 KM1 线圈无法得电（只要不碰触行程开关 SQ2），实现 KM1、KM2 之间的互锁控制，保证了控制线路的安全。

（3）当工作台运行至指定位置 SQ2 时，挡铁磁撞 SQ2，使 SQ2 的常闭触点断开，KM2 线圈断电，电动机此时断电自动停止反转，到达运动部件的左极限位置。如此重复上述过程，工作台在一定行程范围内往复运行。若运动部件以反向运行启动时，则需按下反向启动按钮 SB3，其后工作原理同工作台正向运行控制过程分析类似，这里不再赘述。

（4）终端保护。若行程开关 SQ1 失效，挡铁碰撞 SQ1 时，SQ1 常闭触点仍闭合，电动机继续正转，工作台继续前行后碰撞行程开关 SQ3，SQ3 常闭触点断开，KM1 线圈断电，KM1 主触点断开，电动机停转，工作台停止运行，达到保护终端的目的。

同理，启动时，若工作台反向（向左）运行，需要按下电动机反转启动按钮 SB3，后续动作过程类似于工作台的正向运行，进一步分析即可。

（5）停车时，按下停车按钮 SB1，接触器 KM1 或 KM2 线圈失电，其衔铁释放复位，带动其主触点和自锁触点复位为断开状态，电动机断电停转。当手松开停车按钮 SB1 后，SB1 在其内部复位弹簧的作用下又恢复为闭合状态，但此时控制电路已经断开，只有再次按下启动按钮 SB2 或 SB3，电动机才能重新启动运转。

在电动机运行过程中，当电动机出现长时间过载而使热继电器 FR1 动作时，其常闭辅助触点断开，KM 线圈断电，电动机断电停止转动，实现电动机的过载保护。同样，若主电路或控制电路出现短路时，熔断器 FU1、FU2 熔芯熔断，主电路和控制电路断电，电动机 M 断电停转，实现控制线路的短路保护。另外，该控制线路还具有过载、失压、欠压保护和行程保护功能。

任务实施

电动机正/反转控制线路的安装任务包括电气原理图的分析、电气系统图的绘制、电气元件选择与检测、电气控制线路的安装和文件存档。

一、电气原理图的识读

电动机正/反转控制线路原理如图 3.3.14 所示。

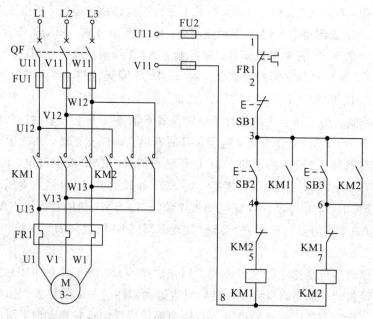

图 3.3.14　电动机正/反转控制线路原理图

首先，分析本任务线路所用的电源。本任务线路所用电源是三相 380V、50Hz 的交流电源，主电路中有 1 台笼型异步电动机 M，启动方式为连续正/反转运行。

然后，观察主电路中所用的电气元件。本任务线路所选用的电器为隔离开关断路器 QF、自动控制接触器 KM1 和 KM2 的主触头、短路保护熔断器 FU1、过载保护热继电器 FR1 的热元件。

最后，分析控制电路所用设备。所用电源电压为两相交流电源，即工作电压是 380 V。所用器件有指令开关自复位按钮 SB1、SB2 和 SB3，接触器 KM1 和 KM2 的常闭、常开触点及其线圈，热继电器常闭触点 FR1，短路保护熔断器 FU2。

二、电气元件检测

电气元件检测包括电气元件选择、外观检查和仪表检测。

1. 电气元件选择

按照本任务提供的电动机正/反转线路原理图（见图 3.3.14），填写实训器件清单于表 3.3.2 中，并按照实训器件清单领取所需电气元件，要求备件齐全。

表 3.3.2　电动机正/反转控制线路实训器件清单

电气元件名称	型　号	规　格	数　量	正常与否

2. 外观检查

外观检查包括以下两方面内容：

（1）铭牌检查。根据电动机正/反转控制线路技术参数要求，对所领用元件的铭牌参数进行逐一核对，核对其额定电压、电流、电流整定值等参数是否符合要求。

（2）电气元件外观检查。检查所领用电气元件是否有损坏（譬如磕碰和裂痕），以及紧固件螺丝钉是否齐全，可动部分是否灵活等，要求外观完好无损。

3. 仪表检测

本任务的控制线路所需的各个电气元件外观检测完毕后，还需要对其进行仪表检测。

用万用表电阻挡检测电气元件触点通断情况是否良好，检查各电气元件绝缘情况是否良好，检查电机性能是否良好。电气元件检测完毕，将检测结果填入表 3.3.3 中。

表 3.3.3　电气元件检测表

序　号	文字符号	设备名称	是否完好	备　注
1	QF			
2	FU			
3	KM1			
4	KM2			
5	FR			
6	SB1			
7	SB2			
8	SB3			
9	M			
10	XT			

注：电气元件检测方法详见模块二。

三、电气控制系统图的绘制

电气元件布置图和电气安装接线图是控制线路安装的主要依据。

1. 绘制电气元件布置图

根据电气元件布置图的绘制原则（详见模块一），绘制出电动机正/反转控制线路的电气元件布置图，如图 3.3.15 所示。

注意：通常将电气元件布置图与电气安装接线图组合在一起，既起到电气安装接线图的作用，又能清晰地表示出电气元件的布置情况。

2. 绘制电气安装接线图

根据电气安装接线图的绘制原则和方法（详见模块一），绘制出电动机正/反转控制线路的安装接线图，如图 3.3.16 所示。

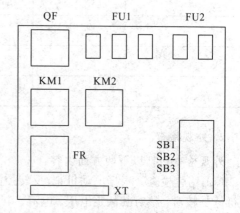

图 3.3.15　电动机正/反转控制线路的
电气元件布置图

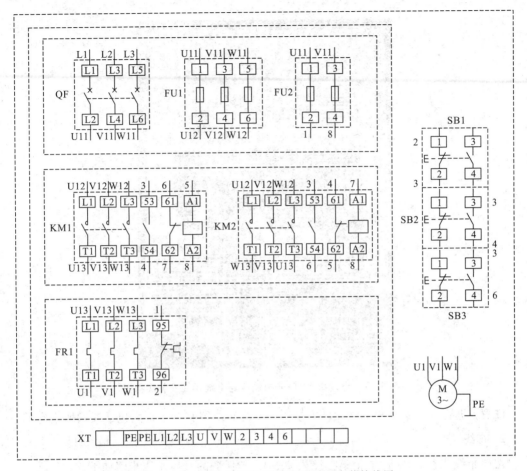

图 3.3.16 电动机正/反转控制线路的安装接线图

四、电气控制线路的安装

电动机正/反转控制线路的安装主要包括电气元件安装和布线。

1. 电气元件安装

按照本任务绘制好的电气元件布置图(见图 3.3.15),即可在给定的安装板上进行断路器、熔断器、接触器、热继电器、启停开关和接线端子的布置与安装。具体安装步骤如下。

1) 选择安装方式

本任务电气控制线路选择导轨安装方式,该安装方式便于元件安装和更换。

安装步骤:导轨需要裁剪为合适长度,通过螺钉固定到安装板上。

安装要求:螺钉的间距不能太大,固定好的导轨要横平竖直。导轨的安装位置应满足线路布线要求。

2) 电气元件安装

首先按照电气元件布置图,在安装板上规划好各电气元件的安装位置,然后安装导轨于安装板合适位置,最后按照安装规则,将本任务所需的所有电气元件安装于导轨上。

本任务控制线路的电气元件安装实物如图 3.3.17 所示。

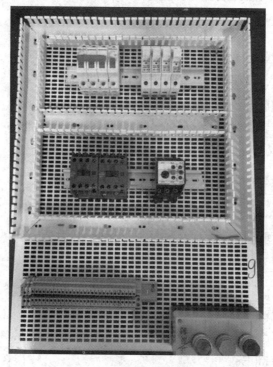

图 3.3.17　电动机正/反转控制线路电气元件安装实物图

注意：进行导轨安装和电气元件安装时，要为布线留有合适空间包括线槽所占空间。

2. 布线

按照布线工艺和流程（详情请参照模块一），本任务的具体布线步骤如下。

1）**导线选型**

结合本任务控制线路的配线方法和实际线路情况，导线类型选择软导线（BVR），导线截面积大小为 1 mm^2。

2）**配线方法**

结合本任务控制线路的实际情况，选择目前使用较为广泛的一种配线形式，即板前线槽配线法进行配线。该方法具有安装施工迅速、简便，而且外观整齐美观，检查维修及改装方便，能让学生在有限的学时内学到更多知识和得到更多锻炼。

3）**接线**

电气元件和线槽固定完毕后，严格按照接线规则和步骤进行本任务控制线路的接线工作。

按照以上布线要求，本任务控制线路的安装实物如图 3.3.18 所示。

电动机正/反转

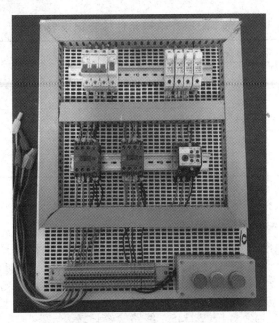

图 3.3.18　电动机正/反转控制线路安装实物图

接线注意事项：

（1）导线连接必须牢固，不得松动。

（2）每根连接导线中间不得有接头。

（3）按钮盒内接线时，切记启动按钮接动合触点（常开触点）。

（4）接触器自锁触点接线切记并接在启动按钮两端。

（5）热继电器的动断触点（常闭触点）接线切记串接在控制电路中。

五、电动机控制线路的调试

电动机正/反转控制线路安装完毕，必须经过认真检查后才能通电试车，通电试车成功电动机控制线路才算是合格的。本线路调试过程主要包括不通电检测和通电试车检测两个阶段。

1. 不通电检测

在进行安装线路板不通电检测之前一定要确保切断安装线路板的供电电源，检测包括外观检测和仪表检测。

1）外观检测

外观检测主要是指依据电气控制线路原理图或电气安装接线图对安装线路板进行外观检测。

（1）电气元件检查。根据电气控制线路调试方法和步骤（详见模块一任务三），查看电气元件的安装位置和方向是否正确以及安装是否牢固，电气元件的操作机构是否灵活，复位机构是否处于复位状态，开关、按钮等是否处于原始位置，复位机构是否处于复位状态，保护元件整定值是否符合线路要求。按上述检查项检查完毕，将元件检查结果记录于表3.3.4 中。

表 3.3.4　电气元件检查记录表

检查内容		是否合格	备　注
电气元件安装	位置		
	方向		
	牢固		
复位情况			
整定值			

（2）线路检查。线路检查主要检查配线选择是否符合要求，接线压接是否牢固、是否符合接线工艺，接线、线号是否正确等。

检查步骤为：对照电气原理图或电气安装接线图，先主电路后控制电路，从上到下从左到右逐线检查核对。按照上述检查项和检查步骤检查完毕，将线路检查结果记录于表3.3.5中。

表 3.3.5　线路检查记录表

检查对象	检查内容	是否合格	备　注
主电路	导线类型		
	接线是否牢固		
	压线是否合格		
	线号是否正确		
	接线是否齐全		
	接线工艺		
控制电路	导线类型		
	接线是否牢固		
	压线是否合格		
	线号是否正确		
	接线是否齐全		
	接线工艺		

2）仪表检测

仪表检测主要包括主电路的通断检测和控制电路通断检测。

（1）主电路通断检测。主电路的通断检测步骤如下：

① 万用表挡位选择 200 Ω 挡。

② 在接线端子排 XT 上选定测量点。

③ 进行 L1 - U1、L2 - V1 和 L3 - W1(L1 - W1、L2 - V1 和 L3 - U1)各段的"断"测试。若万用表显示∞，则正常，否则线路存在故障。

④ 进行 L1 - U1、L2 - V1 和 L3 - W1(L1 - W1、L2 - V1 和 L3 - U1)各段的"通"测试。若万用表显示趋近于 0 Ω，则正常，否则线路存在故障。

⑤ 进行 L1 - L2、L2 - L3 和 L1 - L3 各段的"绝缘"测试。若万用表显示∞，则线路正常，否则线路存在故障。

电动机正/反转控制线路主电路调试

注意：可用手压下接触器衔铁架来代替接触器得电吸合。

检查主电路通断情况时，分别在接线端子排 XT 上选定测量段 L1 - U1、L2 - V1、L3 - W1，调整万用表挡位旋钮至 200 Ω 挡。若不对电气元件做任何操作，则选定的 3 个测量段的测量值应为无穷大，即万用表应显示溢出标志 OL(断开状态)；若逐一合闸空气开关 QF、手动压下接触器 KM1(KM2)触点架，3 个测量段的测量值应该趋近于 0 Ω(接通状态)。检测完毕，将检测结果记录于表 3.3.6 中。

表 3.3.6　主电路检测通断检测记录表

测试状态(闭合 QF)	测量段	电阻值	正常与否	备　注
"断"测试(无动作)	L1 - U1			
	L2 - V1			
	L3 - W1			
	L1 - W1			
	L2 - V1			
	L3 - U1			
"通"测试 (按住 KM1 触点架不动)	L1 - U1			
	L2 - V1			
	L3 - W1			
"通"测试 (按住 KM2 触点架不动)	L1 - W1			
	L2 - V1			
	L3 - U1			
"绝缘"测试(分别闭合 KM1、KM2、KM1 及 KM2)	L1 - L2			
	L1 - L3			
	L2 - L3			

（2）控制电路通断检测。控制电路通断检测内容和步骤如下：

① 万用表挡位选 2 kΩ 挡。

② 选定测量点，进行短路故障检测。在本任务安装线路板上选测量点 U11 和 V11，用万用表表笔测量这两点之间的电阻，即控制电路的两个进线端子的电阻。此时万用表读数应为"∞"，否则控制电路可能存在短路故障，一般为 SB2（或 SB3）或 KM1（或 KM2）自锁触点的接线故障。

③ 启动按钮 SB2（SB3）、KM1（KM2）自锁触点功能检测。若按住启动按钮 SB2 不动，万用表读数应为接触器 KM1 线圈的阻值，约 0.7 kΩ（阻值和选用的接触器型号有关），否则控制线路可能存在断路故障，一般是 SB1、SB2 接线等故障；若压住接触器的衔铁架不动，万用表读数也应约为 0.7 kΩ，否则 KM1 的自锁触点处有故障，一般是接线错误。

④ KM1（KM2）互锁触点功能检测。若按住启动按钮 SB2（SB3）不动，万用表读数应为接触器 KM1（KM2）线圈的阻值，约 0.7 kΩ，然后再压住接触器 KM2（KM1）的衔铁架不动，万用表读数应由 0.7 kΩ 跳变为 OL，否则为 KM2 互锁触点接线没有正确接入到 KM1（KM2）线圈支路中。

⑤ 停车按钮 SB1 功能检测。按下启动按钮 SB2（SB3）不动，万用表读数应为 0.7 kΩ，再同时按住停车按钮 SB1，万用表读数应由 0.7 kΩ 变为 OL，否则 SB1 处有接线故障。

检测完毕将检查结果记录于列表 3.3.7 中。

表 3.3.7　控制电路检测通断检测记录表

测 试 步 骤	测量段	电阻值	正常与否	备 注
短路故障测试	U11 - V11			
SB2 功能测试（闭合 SB2）	U11 - V11			
SB3 功能测试（闭合 SB3）	U11 - V11			
KM1 自锁触点测试（闭合 KM1）	U11 - V11			
KM2 互锁触点测试（依次闭合 KM1、KM2）	U11 - V11			
KM2 自锁触点测试（闭合 KM2）	U11 - V11			
KM1 互锁触点测试（依次闭合 KM2、KM1）	U11 - V11			
SB1 功能测试（依次按下 SB2、SB1）	U11 - V11			

注意事项：安装线路板不通电检测前一定要切断其供电电源。

2. 通电试车检测

在通电试车检测环节，必须经指导老师允许并在其监护下进行。

只有不通电检测结果正常，才可进入通电试车检测调试阶段。通电试车检测包括空载试车检测和带载试车检测，先进行空载试车检测，观察电

电动机正/反转控制
线路控制电路调试

气元件动作情况，后进行带载试车检测，观察电动机运行情况。

1）空载试车检测（不接电动机）

实际操作步骤如下：

（1）不接电动机，只接通控制电路电源。

（2）按下正转启动按钮 SB2，观察接触器 KM1 触点架是否能一直吸合，若吸合则线路正常，否则线路有故障。

（3）按下反转启动按钮 SB3，观察接触器 KM2 触点架是否能一直吸合，若吸合则线路正常，否则线路有故障。

（4）先按下 SB2，接触器 KM1 触点架吸合，再按下停车按钮 SB1，观察 KM1 触点架是否释放，若是则线路正常，否则线路有故障。

（5）先按下 SB3，接触器 KM2 触点架吸合，再按下停车按钮 SB1，观察 KM2 触点架是否释放，若是则线路正常，否则线路有故障。

（6）先按下 SB2，KM1 触点架吸合，再按下 SB3 时，控制线路应该无反应，否则线路有故障。

（7）先按下 SB3，KM2 触点架吸合，再按下 SB2 时，控制线路应该无反应，否则线路有故障。

若上述任一步骤有故障，则应立即停车并切断电源开关（最好物理断电），检查故障原因，找出故障。切记，未查明原因不得强行送电。

注意：空载试车完毕，应及时切断电路供电电源，恢复所有操作手柄于原位（断电状态）。

2）带载试车（接电动机）

若空载试车检测正常，则进入带载试车测试阶段。

实际操作步骤如下：

（1）将电动机正确接入线路安装板，接通供电电源。

（2）按下正转启动按钮 SB2，观察电动机的转动、转向及声音是否正常，若正向转动且声音正常，则线路工作正常，否则线路有故障。

（3）按下反转启动按钮 SB3，观察电动机的转动、转向及声音是否正常，若反向转动且声音正常，则线路正常，否则线路有故障。

（4）在电动机运行状态下，再次按下停车按钮 SB1，观察电动机能否正常停止转动。

若上述任一步骤出现异常，应立即停车并切断电源，进行故障排查，查出故障点。切记，未查明原因不得强行送电。

注意：带载试车完毕，应及时切断电路供电电源，恢复所有操作手柄于原位（断电状态）。

3）试车注意事项

（1）通电试车检测必须在指导老师的监护下进行。

（2）调试前必须熟悉线路结构、功能和操作规程。

（3）通电时，先接通总电源，后接通分电源；断电时，顺序相反。

（4）接入电动机前，确保线路处于断电状态。

（5）电动机和线路安装板必须安放平稳，其金属外壳必须可靠接地。

（6）通电后，注意观察运行情况，做好随时停车准备，防止意外事故发生。

六、常见故障与排查

本任务控制线路的常见故障一般有启动按钮 SB2、SB3 不起作用，接触器 KM1 自锁触点失灵，两接触器互锁触点无法互锁，电动机运行声音异常等。

建议采用不通电电阻检测故障排查法，此方法较安全，便于学生使用。不通电电阻测量法包括下面两种方法。

1. 分阶电阻测量法

本控制线路常见故障用分阶电阻测量法排查，如图 3.3.19 所示。

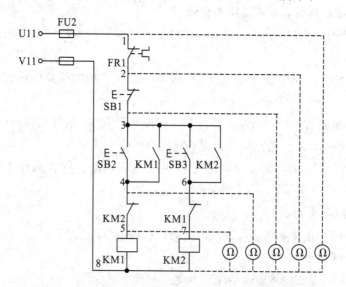

图 3.3.19　电动机正/反控制线路故障分析电阻测量法

首先，根据故障现象或自检情况，初步判断故障点位置，并确认电源为断开状态。然后，按下启动按钮 SB2 不放，用万用表 2 kΩ 电阻挡测量 1-8 之间电阻，若电阻值为无穷大，则说明电路断路，应该进行故障排查。详细步骤为：万用表一表笔接触于 8 点不动，另一表笔逐个测量 7、6、5、4、3、2 各点的电阻值，若某点的电阻突然增大（5 点除外），说明此点与前一点之间的连线断路或接触不良，需要进一步排查此段触点连线情况，直至检测出故障点。

2. 分段电阻测量法

分段电阻测量法也可用于本控制线路的故障排查，如图 3.3.20 所示。首先断开电源，按下反转启动按钮 SB3 不放，用万用表 2 kΩ 电阻挡测量 1-8 之间电阻。若电阻值无穷大，说明电路断路。然后，万用表笔分段测量 8-7、7-6、6-3、3-2、2-1 各段的电阻值，若某两点间电阻值很大，说明这段的连线断路或接触不良，应进一步排查此段各触点连线。同样，也可按下正转启动按钮 SB2，接上述检测步骤再次用分段电阻法进一步测量，直至检测出故障点。

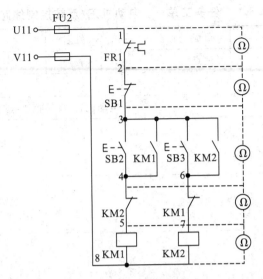

图 3.3.20　电动机正/反控制线路故障分段电阻测量法

　　在电动机正/反转控制线路中，若遇见常见故障可用上述不通电电阻测量法进行故障排查。故障排查完毕，如需上电检测，应经指导老师同意后在其监护下方可进行。故障排除完毕，将故障排查情况如实记录于表 3.3.8 中。

表 3.3.8　电动机正/反转控制线路故障点记录表

故障回路	故障描述	故障点	排除与否
主电路			
控制电路			

　　注意：故障排查前，切记断开线路安装板的供电电源，最好做到物理断电，即断开电源线。

七、文件存档

　　本任务控制线路制作、调试完毕，将本任务所用的电气原理图、电气安装接线图、器件材料配置清单、调试与故障排查等记录材料按顺序整理于实训报告和任务工单中进行保存。其任务工单分别见表 3.3.9 和表 3.3.10。

表 3.3.9　任务工单一：电动机正/反转控制线路安装

院系		班级		姓名		学号	
日期		地点		教师		课时	
课程名称							
实训任务			电动机正/反转控制线路安装				
实训目的							
工具设备							
任务分工及计划							
绘制电气元件布置图和电气安装接线图							

电气元件检测	操作项目	操作步骤	结　果
	实物认知	铭牌/型号：	
		外观检查：	
	仪表检测	触点通断：	
		相间绝缘：	

电气元件检测及安装步骤	
任务重点和要点	
存在问题和解决方法	

表 3.3.10　任务工单二：电动机正/反转控制线路调试

院系		班级		姓名		学号	
日期		地点		教师		课时	
课程名称							
实训任务		电动机正/反转控制线路调试					

操作要求	
任务分工及计划	

操作内容	具体内容	操作要求
	不通电检测	
	通电试车检测	
	故障排查	

调试与故障排查结果汇总	
任务重点和要点	
存在问题和解决方法	

任务评价

电动机正/反转控制线路的安装与调试任务评价分别见表 3.3.11 和表 3.3.12。

表 3.3.11　任务评价表一：电动机正/反转控制线路安装

组名/组员				班级	
任务名称		电动机正/反转控制线路安装		得分	
序号	内容	考核要求	评分细则	配分	赋分
1	实物认知	认识名称、型号及参数意义	1. 识别 5 分 2. 型号和参数 5 分	10	
2	电气元件检测	按正确步骤和要求进行元件检测，并做好记录	1. 外观检测 10 分 2. 触点通断检测 10 分 3. 相间绝缘检测 10 分	30	
3	电气元件安装			30	
任务得分(70 分)					
4	安全操作			20	
5	文明操作			10	
职业素养与操作规范得分(30 分)					
总得分(100 分)					

表 3.3.12　任务评价表二：电动机正/反转控制线路调试

组名/组员				班级	
任务名称		电动机正/反转控制线路调试		得分	
序号	主要内容	考核要求	评分细则	配分	赋分
1	不通电检测	能按正确步骤和要求进行检测并正确分析问题	1. 步骤和结果正确 20 分 2. 问题分析正确 10 分	30	
2	通电试车检测	按正确步骤和要求进行通电试车	1. 空载试车一次成功 10 分 2. 带载试车一次成功 10 分	20	
3	故障排查	按正确步骤和要求进行故障检修	1. 会分析故障 5 分 2. 排查故障 10 分 3. 排除故障 5 分	20	
任务得分(70 分)					
4	安全操作			20	
5	文明操作			10	
职业素养与操作规范得分(30 分)					
总得分(100 分)					

任务拓展

请在完成本电动机控制线路安装的基础上，自行完成电动机自动往返控制线路的安装与调试工作。

任务四　电动机 Y/△接降压启动控制线路的安装与调试

任务描述

本任务是根据电动机 Y/△接降压启动线路原理图，制作其安装工艺计划，绘制其电气元件布置图和电气安装接线图，以及完成电气元件选用和检查，并按照安装工艺计划完成电动机 Y/△接降压启动控制线路的安装；对安装完毕的电气控制线路进行不通电检测和通电试车检测，并根据检测时发现的问题进行故障分析，找出故障点并排除。

1. 任务目标

（1）熟悉电动机 Y/△接降压启动控制线路的工作原理。
（2）能按电动机 Y/△接降压启动控制线路原理图正确选取电气元件并对其检测。
（3）能实施电动机 Y/△接降压启动控制线路的安装工艺流程制作。
（4）按电动机 Y/△接降压启动控制线路安装工艺流程进行线路安装、调试与故障排查。

2. 任务步骤

（1）分析电气原理图，按图配备电气元件，并对其进行检测。
（2）绘制电动机 Y/△接降压启动控制线路电气元件布置图和电气安装接线图。
（3）按工艺要求完成电动机 Y/△接降压启动控制线路的接线安装。
（4）对电动机 Y/△接降压启动控制安装线路进行不通电检测。
（5）对电动机 Y/△接降压启动控制安装线路进行通电试车检测。
（6）按（4）、（5）步骤的检测结果进行故障排查。

3. 实训工具、仪表和器材

（1）实训工具：螺钉旋具（大十字、大一字、小一字）、剥线钳、尖嘴钳和镊子等。
（2）仪表：数字万用表一套。
（3）实训器材：电动机 Y/△接降压启动控制线路安装所用实训器材如表 3.4.1 所示。

表 3.4.1　电动机 Y/△接降压启动控制线路所用实训器材清单

文字符号	器件名称	型号规格	数量	备　注
QF	断路器	HDBE-63/3P/1P	各1	—
FU	熔断器	RT14-20 3P/1P	各1	—
KM	交流接触器	CJX2-0911	3	—
FR	热继电器	NR4-63	1	—

续表

文字符号	器件名称	型号规格	数量	备　注
SB	启停按钮	LAY7 - 11BN	红绿各 1	—
XT	接线端子	TB2515	1	—
M	电动机	三相鼠笼式电动机	1	≤5.5 kW；380 V Y/△
—	网孔板	孔距 10 mm×5 mm	1	—
BVR	导线	1 mm	若干	JS14P - 99S
—	线鼻子(针)	1 mm	若干	—
—	线槽	—	若干	—

4. 安全操作

（1）遵守实训室规章制度和安全操作规范。

（2）初学者尽量采用"通电看现象，断电查故障"的排故障方法。

（3）上电试车或故障排查，需经老师允许，若有异常应立即停车。

（4）工作结束，关闭电源和万用表。

知识储备

一、三相异步电动机的启动

电动机接通电源，使电动机的转子从静止状态到转子以一定速度稳定运行的过程称为电动机的启动过程。电动机在实际使用时，因为要经常启动和停车，所以电动机的启动问题是一个非常重要的问题。

1. 启动电流 I_{st}

在电动机刚启动的瞬间，$n=0$，旋转磁场以最大的相对转速切割转子导体，这时转子绕组的感应电动势和转子电流都很大，与变压器的工作原理一样，电动机的定子电流也很大。电动机启动时的定子绕组的线电流称为启动电流，以 I_{st} 表示。启动电流与额定电流之比一般为 5～7。

启动电流 I_{st} 大，对于不是频繁启动的电动机本身影响不大，因为启动时间较短(1～3 s)，发热量不大，但对于频繁启动的电机本身则会由于热量积累而引起电动机过热，因此电动机应尽量减少启动次数。

启动电流大会使输电线路上产生过大的电压降，会造成由同一输电线路供电的邻近的电动机转速变低，电流增大，转矩减小。如果最大转矩降低到小于负载转矩时，还会使电动机"闷车"而停转。所以启动电流大是电机启动的主要缺点。

2. 启动转矩 M_{ST}

电动机启动时，I_{ST} 虽然大，但转子电量频率高，转子感抗大，功率因数很低，因而启动转矩 M_{ST} 并不大，一般为额定转矩的 1.0～2.4 倍。异步电动机的启动转矩如果小于额定转矩，则就不能满载(带额定负载)启动。足够大的启动转矩，不但能使电动机在重载下启动，还能缩短启动时间。但若启动转矩过大，又会使传动机构受到冲击，容易损坏。

从上述可知，异步电动机启动时要解决的主要问题是减少启动电流 I_{st}，其次是调整启动转矩 M_{ST}。因此需采用适当的启动方法启动电动机。

二、三相异步电动机的启动方法

1. 直接启动

电动机直接启动又称为全压启动，启动时，将电动机的额定电压通过刀开关或接触器直接接到电动机的定子绕组上进行启动。直接启动简单，不需附加的启动设备，且启动时间短。只要电网容量允许，电动机应尽量采用直接启动。但这种启动方法启动电流大，一般只允许小功率的异步电动机(PN≤7.5kW)进行直接启动。对于大功率的异步电动机，由于启动电流较大，一般都采取降压启动方式，以限制启动电流。电动机直接启动原理图如图 3.4.1 所示。

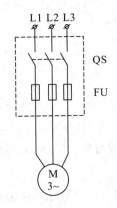

图 3.4.1　电动机直接启动原理图

2. 降压启动

电动机启动时，降低加在电动机定子绕组上的电压，通过启动设备将电动机的额定电压降低后加到电动机的定子绕组上，以限制电动机的启动电流，待电动机的转速上升到稳定值时，再使定子绕组承受全压，从而使电动机在额定电压下稳定运行，这种启动方法称为降压启动。降压启动的方法有多种，常用的有定子串电阻（或电抗）降压启动、Y/△接降压启动、自耦变压器降压启动等。

因为启动转矩与电源电压的平方成正比，所以当定子端电压下降时，启动转矩大大减小。这说明降压启动适用于启动转矩要求不高的电动机。如果电动机必须采用降压启动，则应轻载或空载启动。

1）定子串电阻降压启动

如图 3.4.2 所示为电动机定子串电阻降压启动控制线路。该控制线路是根据启动过程中时间的变化，利用时间继电器来控制降压电阻的切断。时间继电器的延时时间按启动过程所需时间整定。

电动机启动时，在三相定子绕组中串入电阻，使电动机定子绕组电压降低，启动后再将电阻部分从电路中切断，电动机便在额定电压下正常运行。这种启动方式的优点是不受电动机定子绕组接线形式的限制,设备简单,操作方便,广泛应用于中小型生产机械上。缺点是由于串入了电阻,启动时在电阻上的电能损耗较大,适用于不频繁启动电动机的场合。

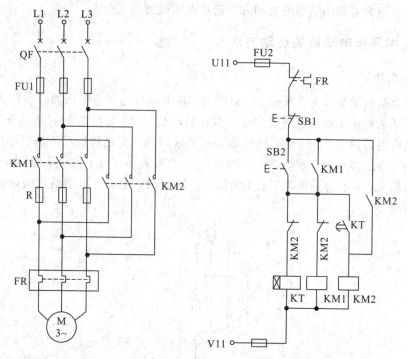

图 3.4.2 电动机定子串电阻降压启动控制线路

2) Y-△接降压启动

Y—△接降压启动控制线路如图 3.4.3 所示,该方法适用于电动机正常运行时接法为三角形(△)的异步电动机。电动机启动时,定子绕组接成星形,启动完毕后,电动机接法切换为三角形。

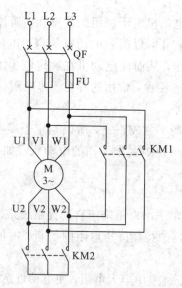

图 3.4.3 电动机 Y-△接降压启动控制线路

　　虽然这种启动方法线路简单，但是在限制电动机启动电流的同时，启动转矩也下降了。因此，这种启动方法是以牺牲启动转矩来减小启动电流的，只适用于允许轻载或空载启动的场合。

　　3）自耦变压器降压启动

　　自耦变压器降压启动是指电动机启动时，定子绕组接三相自耦变压器的低压输出端，启动完毕后，脱离开自耦变压器并将定子绕组直接接上三相交流电源，使电动机在额定电压下稳定运行。其控制线路如图 3.4.4 所示。

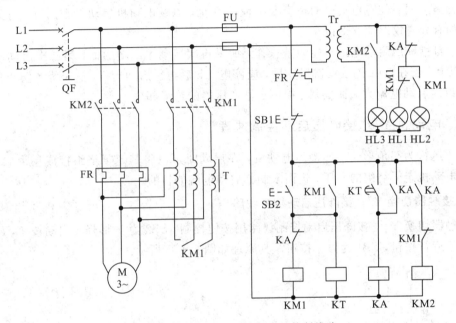

图 3.4.4　自耦变压器降压启动控制线路

　　自耦变压器体积大，而且成本高，所以这种启动方法适用于容量较大的或正常运行绕组接法为 Y 形或△形的电动机，不能采用 Y-△方法启动的三相异步电动机。

　　启动用的自耦变压器又称为启动补偿器，通常每相有 3 个抽头，供用户选择不同等级的输出电压，分别为原输出电压的 55%、64%、73%，可以根据实际要求进行选择。

　　自耦变压器降压启动是通过自耦变压器降低加在电动机定子上的电压，从而降低启动电流。电动机启动时，定子绕组连接自耦变压器的二次侧，此时为降压启动状态；启动完成后，自耦变压器脱离，定子绕组连接额定电压，电动机全压运行。

　　自耦变压器降压启动控制线路控制过程如下：

　　(1) 合上空气开关 QF，接通三相电源。

　　(2) 按下启动按钮 SB2，交流接触器 KM1 线圈通电吸合并自锁，其主触头闭合，辅助动合触头也闭合，将自耦变压器线圈接成星形（Y），由自耦变压器的低压抽头（例如 64%）将三相电压的 64% 接入电动机，电动机开始低压启动。与此同时 KT 线圈得电计时开始。

　　(3) KT 定时时间到，由于 KA 线圈通电，其常闭触点断开使 KM1 的线圈断电，KM1 常开触点全部释放，主触头断开，切断自耦变压器电源。同时 KA 的常闭触点闭合，KM2 的线圈得电，其主触头闭合，通过 KM2 主触头接通电动机，使电动机在全压下运行。

（4）欲停车时，可按下 SB1，则控制回路全部断电，电动机供电电源被切断而停转。

自耦变压器降压启动控制线路安装与调试注意事项如下：

（1）自耦变压器的功率应与电动机的功率一致，如果小于电动机的功率，自耦变压器会因启动电流大发热而损坏绝缘部分和烧毁绕组。

（2）对照电气原理图核对接线，要逐项检查核对线号，防止接错线和漏接线。

（3）由于启动电流很大，应认真检查主回路端子接线的压接是否牢固，有无虚接现象。

（4）调试时，应先空载试验，正常后再带电试验；带电试验时应注意电动机启动与运行的转换过程，同时注意电动机的声音及电流的变化，以及电动机启动是否困难，有无异常情况，如有异常情况应立即停车处理。

（5）自耦降压启动电路不能频繁操作，如果再次启动不成功的话，第二次启动应间隔 4 min 以上，若在 60 s 连续两次启动后，应停电 4 h 后再次启动运行，这是为了防止自耦变压器绕组内启动电流太大而发热，损坏自耦变压器的绝缘部分。

三、电动机 Y/△接降压启动控制原理

全压运行为三角形（△）连接的电动机，在启动时可以将其定子绕组接成星形（Y），达到降低电动机定子绕组的电压，进而限制其启动电流的目的。

1. 接触器切换 Y/△接降压启动控制线路

接触器切换 Y/△接降压启动控制线路用按钮控制，SB2 为 Y 形降压启动按钮，SB3 为△形全压运行按钮，SB1 为停车按钮。其原理如图 3.4.5 所示。

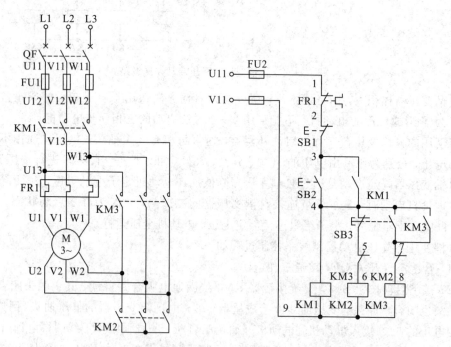

图 3.4.5　接触器切换 Y/△接降压启动控制线路原理图

1）识读线路图

接触器切换 Y/△接降压启动控制线路原理图由主电路和控制电路两部分构成。其原

理图的左边为主电路，右边为控制电路。主电路包括三相工作电源 L1、L2、L3，隔离开关 QF，熔断器 FU1，接触器 KM1、KM2 主触点，热继电器 FR1 的热元件和电动机 M，流过电流较大。控制电路包括供电电源接线端 U11 与 V11，熔断器 FU2，按钮 SB1、SB2、SB3，接触器的常开辅助触点 KM1、KM2，热继电器常闭辅助触点 FR1，接触器线圈 KM1、KM2，流过电流较小。

从主电路可以看出，KM1 和 KM2 的主触头是不允许同时闭合的，否则会发生相间短路。

在图 3.4.5 中，KM1 为主接触器，KM3 用于控制电动机定子绕组为三角形(△)接法的接触器，KM2 用于控制电动机定子绕组为星形(Y)接法的接触器，SB1 为停车按钮，SB2 为 Y 接法启动按钮，SB3 为△接法启动按钮。主接触器 KM1 主触头使三相电源(L1、L2、L3)和电动机绕组首端(U1、V1、W1)按相序分别相连，即 L1 - U1、L2 - V1、L3 - W1 相接；接触器 KM3 的三对主触头使电动机三相定子绕组接成首尾相接的△形，KM2 可以把电动机三相定子绕组接成 Y 形接法。

元件作用：空气开关 QF 主要作为电源隔离使用，熔断器 FU1、FU2 用于短路保护，接触器 KM1、KM2、KM3 起自动控制作用，热继电器 FR1 用于过载保护，电动机 M 作为动力拖动使用，按钮 SB1、SB2、SB3 为主令电器，用于手动发出控制信号(启停按钮)。

2) 工作原理

接触器切换 Y/△接降压启动控制线路工作过程如下：

启动时，首先合上电源开关 QF，按下启动按钮 SB2，接触器 KM1、KM2 线圈得电，其衔铁吸合，KM1、KM2 主触点闭合，电动机 M 接通三相电源并以 Y 形接法进行降压启动；同时，与 SB2 并联的 KM1 自锁触点也闭合，使接触器 KM1 线圈持续供电，从而保证电动机连续运行。电动机启动完成后需手动按下按钮 SB3，即可进入△接法运行，接触器 KM2 线圈失电，KM3 线圈得电后其主触点闭合，此时电动机 M 定子绕组按△形接法全压运行。同时，与 SB3 并联的 KM3 自锁触点也闭合，使接触器 KM3 线圈持续供电，从而保证电动机全压连续正常运行。

停车时，按下停车按钮 SB1，接触器 KM1、KM3 线圈失电、其衔铁释放复位、带动其主触点和自锁触点复位至断开状态，电动机断电停转。当手松开停车按钮 SB1 后，SB1 在其内部复位弹簧的作用下又恢复为闭合状态，但此时控制电路已经断开，只有再次按下启动按钮 SB2，电动机才能重新启动运转。

在电动机运行过程中，当电动机出现长时间过载而使热继电器 FR1 动作时，其常闭辅助触点断开，KM1 的线圈断电，电动机断电停止转动，实现电动机的过载保护。同样，若主电路或控制电路出现短路时，熔断器 FU1、FU2 熔芯熔断，主电路和控制电路断电，电动机 M 断电停转，实现控制线路的短路保护。

该控制线路相对简单，所需电气元件较少，但其稳定性差，操作不便，当电动机转速达到一定值后，需要操作人员手动进行切换，切换时间也难以掌握。

2. 自动 Y/△接降压启动控制线路

自动 Y/△接降压启动控制线路是利用时间继电器实现自动切换控制，适用于电动机轻载或空载启动的场合。其原理如图 3.4.6 所示。

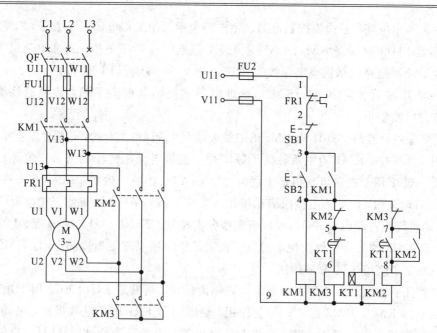

图 3.4.6　自动 Y/△接降压启动控制线路原理图

1) 识读线路图

自动 Y/△接降压启动控制线路原理图由主电路和控制电路两部分构成。其原理图的左半边为主电路，右半边为控制电路。主电路包括三相工作电源 L1、L2、L3，隔离开关 QF，熔断器 FU1，接触器 KM1，KM2，KM3 主触点、热继电器 FR1 的热元件和电动机 M，流过电流较大。控制电路包括供电电源接线端 U11 与 V11，熔断器 FU2，启动按钮 SB2，停车按钮 SB1，接触器 KM1、KM2 的常开触点，接触器 KM2、KM3 的常闭触点，热继电器常闭触点 FR1，接触器 KM1、KM2、KM3 线圈和时间继电器 KT1，流过电流较小。

在图 3.4.6 中，KM1 为主接触器，KM2 为△接法接触器，KM3 为 Y 接法接触器，SB2 为启动按钮，SB1 为停车按钮。主接触器 KM1 的主触头用于把三相电源(L1、L2、L3)和电动机绕组(U1、V1、W1)按相序分别相连，即 L1 - U1、L2 - V1、L3 - W1 相接；接触器 KM2 的主触头用于把电动机三相定子绕组接成首尾相接的△形接法，KM3 用于把电动机三相定子绕组接成 Y 形接法。

元件作用：空气开关 QF 主要作为电源隔离使用，熔断器 FU1、FU2 用于短路保护，接触器 KM1、KM2、KM3 起自动控制作用，热继电器 FR1 用户过载保护，电动机 M 作为动力拖动使用，按钮 SB1、SB2 为主令电器，用于手动发出控制信号(启停按钮)。

2) 工作原理

自动 Y/△接降压启动控制线路工作过程如下：

启动时，合上电源开关 QF，按下启动按钮 SB2，接触器 KM1、KM3 和 KT1 线圈得电，KM1、KM3 主触点闭合，电动机 M 以 Y 形接法进行降压启动。同时，时间继电器开始计时，控制回路里的 KM3 辅助常闭触点断开，以确保 KM2 主触点此时不能闭合，保证控制线路的安全。另外，与 SB1 并联的 KM1 自锁触点也闭合，使接触器 KM1 线圈持续供电，从而保证电动机连续启动运行。时间继电器计时时间到，即电动机启动结束，KM3 线圈失电、KM2 线圈得电，电动机以△形接法进入全压运行工作状态。

停车时，按下停车按钮 SB1，接触器 KM1、KM2 线圈失电，其衔铁释放复位，带动其主触点和自锁触点复位为断开状态，电动机断电停转。当手松开停车按钮 SB1 后，SB1 在其内部复位弹簧的作用下又恢复为闭合状态，但此时控制电路已经断开，只有再次按下启动按钮 SB2，电动机才能重新启动运转。

在电动机运行过程中，当电动机出现长时间过载而使热继电器 FR1 动作时，其常闭辅助触点断开，KM 线圈断电，电动机断电停止转动，实现电动机的过载保护。同样，若主电路或控制电路出现短路时，熔断器 FU1、FU2 熔芯熔断，主电路和控制电路断电，电动机 M 断电停转，实现控制线路的短路保护。

本控制线路简单，成本低，操作方便，能克服接触器切换 Y/△接降压启动控制线路的不足。

任务实施

电动机 Y/△接降压启动控制线路的安装任务包括电气原理图的分析、电气系统图的绘制、电气元件选择与检测、电气控制线路的安装和文件存档。

一、电气原理图的识读

电动机 Y/△接降压启动控制线路原理如图 3.4.7 所示。

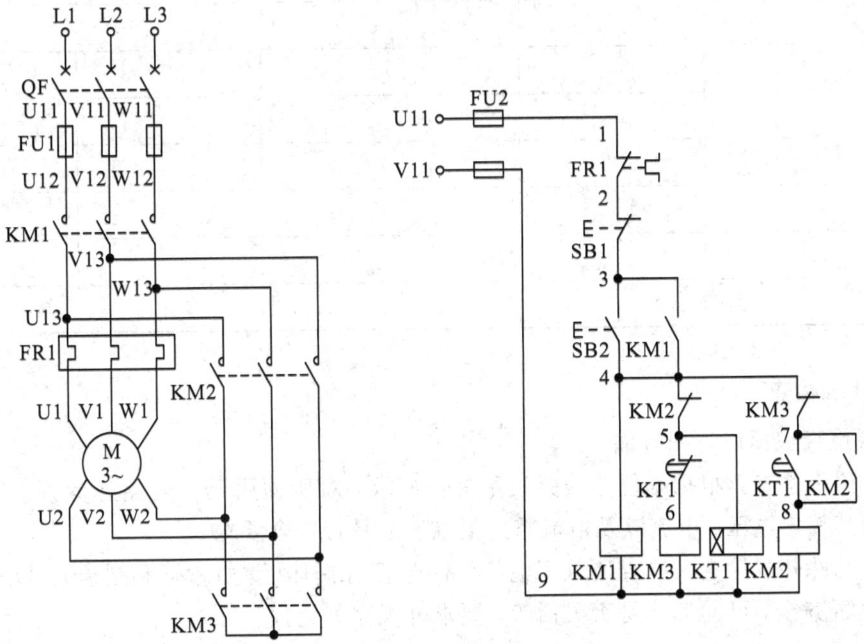

图 3.4.7　电动机 Y/△接降压启动控制线路

首先，分析本任务线路所用的电源。本任务线路所用电源是三相 380V、50Hz 的交流电源，主电路中有 1 台笼型异步电动机 M，启动方式为 Y/△接降压启动运行。

其次，观察主电路中所用的电气元件。本任务线路所选用的电气元件为隔离开关断路器 QF，自动控制接触器 KM1、KM2 和 KM3 的主触头，短路保护熔断器 FU1，过载保护热继电器 FR1 的热元件。

最后，分析控制线路所用设备。控制线路所用电源为两相交流电源，工作电压是380V。所用电气元件为指令开关自复位按钮 SB1、SB2，接触器 KM1 的自锁触头和线圈，接触器 KM2 的自锁、互锁触头和 KM2 线圈，接触器 KM3 的互锁触头和线圈，时间继电器 KT1 的延时闭合、延时断开触头和线圈，热继电器触点 FR1，短路保护熔断器 FU2 和热继电器触点 FR1。

二、电气元件选择与检测

电气元件选择与检测包括电气元件选择、外观检查和仪表检测。

1. 电气元件选择

按照本任务提供的电动机 Y/△接降压启动线路原理图（见图 3.4.7），填写实训材料配置清单于表 3.4.2 中，并按照材料清单领取所需电气元件，要求备件齐全。

表 3.4.2　电动机 Y/△接降压启动控制线路实训材料配置清单

电气元件名称	型　号	规　格	数　量	正常与否

2. 外观检查

外观检查包括以下两方面：

（1）铭牌检查。根据本任务线路技术参数要求，对所领用元件的铭牌参数进行逐一核对，核对其额定电压、电流以及电流整定值等参数是否符合要求。

（2）元件外观检查。检查所领用电气元件是否有损坏（譬如磕碰和裂痕），以及紧固件螺丝钉是否齐全，可动部分是否灵活等，要求外观完好无损。

3. 仪表检测

本任务的控制线路所需的各个电气元件外观检测完成后，还需要进行仪表检测，即用万用表电阻挡检测触点通断情况是否良好，检查各元件绝缘情况是否良好，检查电动机性能是否良好。电气元件检测完毕，将检测结果填入表 3.4.3 中。

图 3.4.3　电气元件检测表

序号	文字符号	设备名称	是否完好	备　注
1	QF			
2	FU			
3	KM1			
4	KM2			
5	KM3			
6	FR			
7	KT1			
8	SB1			
9	SB2			
10	M			
11	XT			

注：电气元件检测方法详见模块二。

三、电气控制系统图的绘制

电气元件布置图和电气安装接线图是控制线路安装的主要依据。

1. 绘制电气元件布置图

根据电气元件布置图的绘制原则（详见模块一），绘制出电动机 Y/△接降压启动控制线路的电气元件布置图，如图 3.4.8 所示。

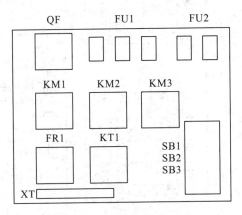

图 3.4.8　电气元件布置图

注意：通常将电气元件布置图与电气安装接线图组合在一起，既起到电气安装接线图的作用，又能清晰地表示出电气元件的布置情况。

2. 绘制电气安装接线图

根据电气安装接线图的绘制原则和方法（详见模块一），绘制出电动机 Y/△接降压启动控制电路的电气安装接线图，如图 3.4.9 所示。

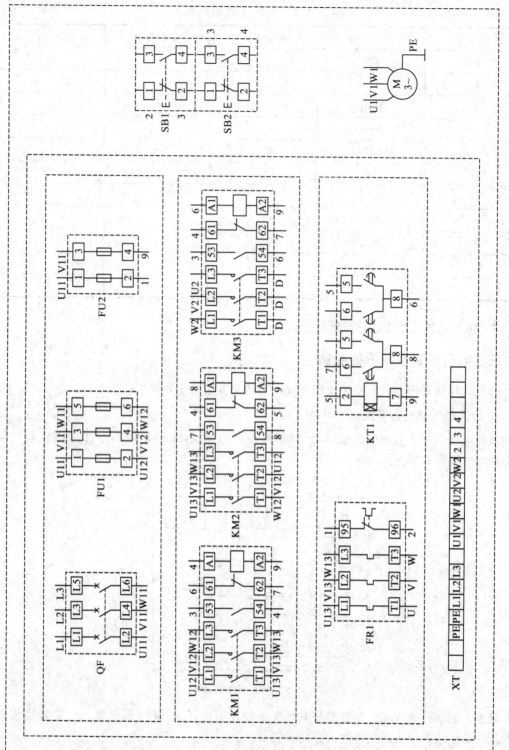

图3.4.9 电动机Y/△接降压启动控制线路的电气安装接线图

四、电气控制线路的安装

电动机 Y/△接降压启动控制线路的安装主要包括电气元件安装和布线。

1. 电气元件安装

按照本任务绘制好的电气元件布置图(见图 3.4.8),即可在给定的安装板上进行断路器、熔断器、接触器、热继电器、启停开关和接线端子的布置与安装,具体安装步骤如下。

1) 选择安装方式

本任务线路选择导轨安装方式,该方式便于电气元件安装和更换。安装步骤为:导轨裁剪为合适的长度,通过螺钉固定到安装板上。安装要求为:螺钉的间距不能太大,固定好的导轨要横平竖直,导轨的安装位置应满足线路布线要求。

2) 电气元件安装

首先按照电气元件布置图,在安装板上规划好各电气元件的安装位置;然后安装导轨于安装板合适位置;最后按照安装规则,将本任务所需的所有电气元件安装于导轨上。

本任务控制线路的电气元件安装实物如图 3.4.10 所示。

图 3.4.10　电动机 Y/△接降压启动控制线路元件安装实物图

注意:进行导轨安装和电气元件安装时,要为布线留有合适空间,包括线槽所占空间。

2. 布线

按照布线工艺和流程(详情请参照模块一)进行布线。本任务的具体布线步骤如下。

1) 导线选型

结合本任务控制线路的配线方法和实际线路情况,导线类型选择软导线(BVR),导线截面积大小为 1.5 mm² 和 1 mm²,主电路用 1.5 mm²,控制回路用 1 mm²。

2) 配线方法

结合本任务控制线路的实际情况,选择目前使用较为广泛的一种配线形式即板前线槽配线法进行配线。该方法具有安装施工迅速、简便,而且外观整齐美观,检查维修及改装方便，能让学生在有限的学时内学到更多东西和得到更多的练习机会。

3）接线

电气元件和线槽固定完毕后，严格按照接线规则和步骤进行本任务接线工作。

按照以上布线要求，本任务线路安装实物如图 3.4.11 所示。

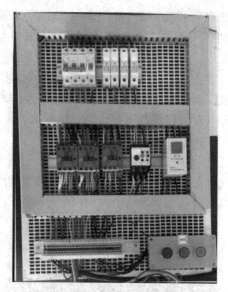

图 3.4.11　电动机 Y/△接降压启动控制线路安装实物图

接线注意事项：

（1）导线连接必须牢固，不得松动。

（2）每根连接导线中间不得有接头。

（3）按钮盒内接线时，切记启动按钮接动合触点（常开触点）。

（4）接触器的自锁触点接线时切记并接在启动按钮两端。

（5）热继电器的动断触点（常闭触点）接线时切记串接在控制电路中。

五、电动机控制线路的调试

电动机 Y/△接降压启动控制线路安装完毕，必须经过认真检查后才能通电试车，通电试车成功后此线路才算是合格的。本任务线路调试过程主要包括不通电检测和通电试车检测两个阶段。

1. 不通电检测

进行线路不通电检测之前，一定要切断其供电电源，检测分为外观检测和仪表检测。

1）外观检测

外观检测主要是指依据电气控制线路原理图或电气安装接线图对安装线路板进行外观检测。

（1）元件检查。根据电气控制线路调试方法和步骤（详见模块一的任务三），查看电气元件的安装位置和方向是否正确以及安装是否牢固，电气元件的操作机构是否灵活，复位机构是否处于复位状态，开关、按钮等是否处于原始位置，复位机构是否处于复位状态，保护元件整定值是否符合线路要求。按上述检查项检查完毕，将元件检查结果记录于表 3.4.4 中。

表 3.4.4 元件检查记录表

检查内容		是否合格	备 注
元件安装	位置		
	方向		
	牢固		
复位情况			
整定值			

(2) 线路检查。线路检查主要是检查配线选择是否符合要求,接线压接是否牢固、是否符合接线工艺,接线、线号是否正确等。

检查步骤为:对照电气原理图或电气安装接线图,先主电路后控制电路,从上到下从左到右逐线检查核对。按照上述检查项和检查步骤检查完毕,将线路检查结果记录于表3.4.5中。

表 3.4.5 线路检查记录表

检查对象	检查内容	是否合格	备 注
主电路	导线类型		
	接线是否牢固		
	压线是否合格		
	线号是否正确		
	接线是否齐全		
	接线工艺		
控制电路	导线类型		
	接线是否牢固		
	压线是否合格		
	线号是否正确		
	接线是否齐全		
	接线工艺		

2)仪表检测

仪表检测主要包括主电路通断检测和控制电路通断检测。

(1)主电路通断检测。主电路通断检测内容和步骤如下:

① 万用表挡位选择 200 Ω 欧姆挡。

② 在接线端子排 XT 上选定测量点。

③ 进行 L1 - U1、L2 - V1 和 L3 - W1(L1 - W2、L2 - U2 和 L3 - V2)各段的"断"测试。若万用表显示∞,则正常,否则线路存在故障。

④ 进行 L1 - U1、L2 - V1 和 L3 - W1(L1 - W2、L2 - U2 和 L3 - V2)各段的"通"测试。若万用表显示趋近于 0Ω,则正常,否则线路存在故障。

⑤ 进行 L1–L2、L2–L3 和 L1–L3 各段的"绝缘"测试。若万用表显示∞，则正常，否则线路存在故障。

注意：可用手压下接触器衔铁架来代替接触器得电吸合。

检查主电路通断情况时，分别在接线端子排 XT 上选定测量段 L1–U1、L2–V1、L3–W1 和 U2–V2–W2（或 L1–W2、L2–U2 和 L3–V2），调整万用表挡位旋钮至 200 Ω 挡。若不对电气元件做任何操作，则选定的 3 个测量段的测量值应为无穷大，即万用表应显示溢出标志 OL（断开状态）；若逐一合闸空气开关 QF，手动压下

电动机 Y/△接降压启
动控制线路主电路调试

接触器 KM1 和 KM3（或同时按压 KM1 和 KM2）触点架，各段测量值应该是趋近于 0Ω（接通状态）。检测完毕，将检测结果记录于表 3.4.6、表 3.4.7 和表 3.4.8 中。

表 3.4.6　主电路 Y 接通断检测记录表

测 试 状 态		测量段	电阻值	测量结果
闭合 QF	"断 1"测试（无动作）	L1–U1		
		L2–V1		
		L3–W1		
	"断 2"测试（无动作）	U2–V2–W2		
	"通 1"测试（闭合 KM1 触点架）	L1–U1		
	"通 2"测试（闭合 KM3 触点架）	L2–V1		
		L3–W1		
		U2–V2–W2		

表 3.4.7　主电路△接法通断检测记录表

测 试 状 态		测量段	电阻值	测量结果
闭合 QF	"断 1"测试（无动作）	L1–U1		
		L2–V1		
		L3–W1		
	"断 2"测试（无动作）	L1–W2		
		L2–V2		
		L3–U2		
	"通 1"测试（闭合 KM1 触点架）	L1–U1		
		L2–V1		
		L3–W1		
	"通 2"测试（同时闭合 KM1、KM2 触点架）	L1–W2		
		L2–V2		
		L3–U2		

表 3.4.8　　主电路绝缘检测记录表

测 试 状 态		测量点	电阻值	测量结果
闭合 QF	"Y 接绝缘"测试(闭合 KM1、KM3)	L1 - L2		
		L1 - L3		
		L3 - L2		
		L1/L2/L3 -地(网孔板)		
	"△接绝缘"测试(闭合 KM1、KM2)	L1 - L2		
		L1 - L3		
		L3 - L2		
		L1/L2/L3 -地(网孔板)		

(2) 控制电路通断检测。控制电路通断检测内容和步骤如下:

① 万用表挡位选用 2 kΩ 欧姆挡。

② 选定测量点,进行短路故障检测。在本任务安装线路板上选测量点 U11 和 V11,用万用表表笔测量这两点之间的电阻,即控制电路的两个进、出线端子之间的电阻。此时万用表读数应为"∞",否则控制电路存在故障,一般为 SB2 或 KM1 自锁触点的接线处故障。

③ 启动按钮 SB2(KM1 自锁触点)功能检测。若按住启动按钮 SB2(或压下 KM1 触点架即 KM1 自锁触点闭合)不动,万用表读数应为接触器 KM1、KM3 和 KT1 线圈并联电阻值,约 0.34 kΩ(阻值和选用的接触器型号有关),此时,再压下 KM2 触点架,万用表阻值显示应该跳变,先大再小,否则线路存在故障,一般是接线错误。

④ 停车按钮 SB1 功能检测。继上一步骤显示,再按住停车按钮 SB1,则万用表读数应由 0.35 kΩ 变为∞,否则为 SB1 处故障。

检测完毕,将检测结果记录于列表 3.4.9 中。

表 3.4.9　　控制电路通断检测记录表

测 试 状 态		测量点	电阻值	测量结果
闭合 QF	"断"测试(无动作)	U11 - V11		
	"启动"测试(闭合 SB2)	U11 - V11		
	"Y 自锁"测试(闭合 KM1)	U11 - V11		
	"Y 互锁"测试(依次闭合 KM1、KM3)	U11 - V11		
	"△接自锁"测试(依次闭合 KM1、KM3)	U11 - V11		
	"△接互锁"测试(依次闭合 KM1、KM3、KM2)	U11 - V11		
	"运行断"测试(依次闭合 SB2、SB1)	U11 - V11		
	测 量 结 论	电路配盘　能　(能/否)实现电动机 Y/△降压启动:合上 QF 后,按下启动按钮 SB2,电动机 M　Y 接降压启动　;定时时间到(5s),电动机 M　变△接全压运行		

注意事项：安装线路板不通电检测前一定要切断其供电电源。

2. 通电试车检测

电动机 Y/△接降压启动
控制线路控制电路调试

在通电试车检测环节，必须经指导老师的允许并在其监护下进行。

只有控制线路的不通电检测结果正常时，方可进入通电试车检测阶段。通电试车检测包括空载试车检测和带载试车检测，先进行空载试车检测，观察电气元件动作情况，后进行带载试车检测，观察电动机运行情况。

1）空载试车检测（不接电动机）

实际操作步骤如下：

（1）暂不接电动机，只接通控制电路供电电源。

（2）按下启动按钮 SB2，观察接触器 KM1、KM3 触点架是否吸合，若吸合则 KM1 和 KM3 处线路连线正常，否则线路有故障。

（3）延时时间到，观察接触器 KM3 触点架是否释放以及 KM2 触点架是否吸合，若是则 KM3 和 KM2 处线路连线正常，否则线路有故障。

（4）按下停车按钮 SB1，接触器 KM1、KM2 触点架释放，否则线路有故障。

若上述任一步骤有故障，应立即停车并切断电源开关（最好物理断电），排查故障原因，找出故障。切记，未查明原因不得强行送电。

注意：空载试车完毕，应及时切断电路供电电源，恢复所有操作手柄于原位（断电状态）。

2）带载试车检测（接电动机）

若空载试车检测正常，则可进入带载试车测试阶段。

实际操作步骤如下：

（1）将电动机正确接入线路安装板，接通供电电源。

（2）按下启动按钮 SB2，观察电动机在启动时刻的转动、转向及声音是否正常，若正向转动且声音正常，则线路工作正常，否则有故障。

（3）电动机正常启动后延时时间到时，观察电动机运行时的转动声音是否正常，若转动声音正常，则判定 Y/△接降压启动控制线路工作正常，否则有故障。

电动机 Y/△接降压启
动控制线路带载试车

（4）电动机正常运行后，按下停车按钮 SB1，观察电动机能否正常停止转动。

若上述任一步骤发现异常，应立即停车并切断电源，进行故障排查。切记，未查明原因不得强行送电。

注意：带载试车完毕，应及时切断电路供电电源，恢复所有操作手柄于原位（断电状态）。

3）试车注意事项

（1）通电试车检测必须在指导老师的监护下进行。

（2）调试前必须熟悉线路结构、功能和操作规程。

（3）通电时，先接通总电源，后接通分电源；断电时，顺序相反。

（4）接入电动机前，确保线路处于断电状态。

（5）电动机和线路安装必须平稳，其金属外壳必须可靠接地。

电动机 Y/△接降压启动
控制线路停车断电操作

（6）通电后，注意观察电动机运行情况，做好随时停车准备，防止意外事故发生。

六、常见故障与排查

本任务控制线路的常见故障一般为：主电路的 3 个接触器主触点之间接线错误，导致三相电短路；控制电路接触器互锁触点即辅助触点之间的接线错误，导致三相电短路等。

建议采用不通电电阻检测的故障排查法进行故障排查，此方法较安全，便于学生使用。

不通电电阻测量法包括下面两种方法。

1. 分阶电阻测量法

本任务控制线路的常见故障可采用分阶电阻测量法进行排查，如图 3.4.12 所示。首先，根据故障现象或自检情况，初步判断故障点，并断开电源，按下启动按钮 SB2 不放，用万用表 2 kΩ 电阻挡测量 1-9 之间电阻。若电阻值为无穷大，则说明电路断路，应该进行故障排查。详细步骤为：万用表一表笔接触于 9 点不动，另一表笔逐段测量 4、3、2 各点的电阻值，若测量某点时的电阻突然增大（9-4 除外），说明此点与前一点之间的连线断路或接触不良，需要进一步排查此处各触点连线是否有故障。然后，用万用表 2 kΩ 电阻挡测量 4-9 之间电阻，若按下 KM2 触点架后，电阻值无跳变（先变大再变小），说明 KM2 互锁触点处有接线故障；若先按下 KM2 后有正常跳变，再按下 KM3 触点架后，测量电阻无反应，说明 KM3 互锁触点接线处有故障。最后，对故障进行排查并排除。

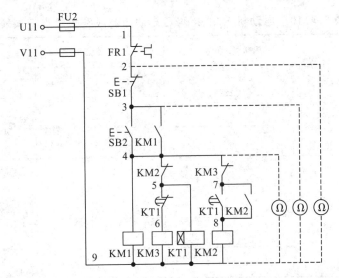

图 3.4.12　电动机 Y/△接降压启动控制线路故障分阶电阻测量法

2. 分段电阻测量法

分段电阻测量法也可用于本任务控制线路的故障排查，如图 3.4.13 所示。首先断开电源，按下启动按钮 SB2 不放，用万用表 2 kΩ 电阻挡测量 1-9 之间电阻，若电阻值为无穷大，则说明电路断路。然后用万用表表笔分段测量 9-4、4-3、3-2、2-1 各段电阻值，若测出某两点间电阻值很大，说明这段电路的连线断路或接触不良，应进一步排查此段各触点连线，直至故障排除。

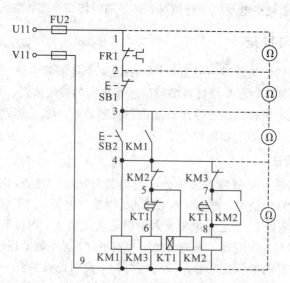

图 3.4.13　电动机 Y/△接控制线路故障分段电阻测量法

在电动机 Y/△接降压启动控制线路中，若遇见常见故障可用上述不通电电阻测量法进行故障排查。故障排查完毕，如需上电检测，应经指导老师同意并在其监护下进行。故障排除完毕，将故障排查情况如实记录于表 3.4.10 中。

表 3.4.10　电动机 Y/△接降压启动控制线路故障点记录表

故障回路	故障描述	故障点	排除与否
主电路			
控制电路			

注意：故障排查前，一定要切断线路安装板的供电电源，做到物理断电，即断开电源线。

七、文件存档

本任务控制线路制作、调试完毕，将所用的电气原理图、电气安装接线图、器件材料配置清单、调试与故障检修等记录材料按顺序整理于任务工单中进行保存。其任务工单分别见表 3.4.11 和表 3.4.12。

表 3.4.11　任务工单一：电动机 Y/△ 接降压启动控制线路安装

院系		班级		姓名		学号	
日期		地点		教师		课时	
课程名称							
实训任务		电动机 Y/△ 降压启动控制线路安装					
实训目的							
工具设备							
任务分工及计划							
绘制电气元件布置图和电气安装接线图							

电气元件检测	操作项目	操作步骤		结　果
	实物认知	铭牌/型号：		
		外观检查：		
	仪表检测	触点通断：		
		相间绝缘：		

电气元件检测及安装步骤	
任务重点和要点	
存在问题和解决方法	

表 3.4.12　　任务工单二：电动机 Y/△接降压启动控制线路调试

院系		班级		姓名		学号	
日期		地点		教师		课时	
课程名称							
实训任务		电动机 Y/△接降压启动控制线路调试					

操作要求	
任务分工 及计划	

操作内容	具体内容	操 作 要 求
	不通电检测	
	通电试车检测	
	故障检修	

调试与故障 排查结果汇总	
任务重点 和要点	
存在问题 和解决方法	

任务评价

电动机 Y/△降压启动控制线路的安装与调试任务评价分别见表 3.4.13 和表 3.4.14。

表 3.4.13　任务评价表一：电动机 Y/△接降压启动控制线路的安装

组名/组员				班级	
任务名称		电动机 Y/△接降压启动控制线路安装		得分	
序号	内容	考核要求	评分细则	配分	赋分
1	实物认知	认识名称、型号及参数意义	1. 识别 5 分 2. 型号和参数 5 分	10	
2	电气元件检测	按正确步骤和要求进行电气元件检测，并做好记录	1. 外观检测 10 分 2. 触点通断检测 10 分 3. 相间绝缘检测 10 分	30	
3	电气元件安装			30	
任务得分(70 分)					
4	安全操作			20	
5	文明操作			10	
职业素养与操作规范得分(30 分)					
总得分(100 分)					

表 3.4.14　任务评价表二：电动机 Y/△接降压启动控制线路调试

组名/组员				班级	
任务名称		电动机 Y/△接降压启动控制线路调试		得分	
序号	主要内容	考核要求	评分细则	配分	赋分
1	不通电检测	能按正确步骤和要求进行检测并正确分析问题	1. 步骤和结果正确 20 分 2. 问题分析正确 10 分	30	
2	通电试车检测	按正确步骤和要求进行通电试车	1. 空载试车一次成功 10 分 2. 带载试车一次成功 10 分	20	
3	故障排查	按正确步骤和要求进行故障排查	1. 会分析故障 5 分 2. 排查故障 10 分 3. 排除故障 5 分	20	
任务得分(70 分)					
4	安全操作			20	
5	文明操作			10	
职业素养与操作规范得分(30 分)					
总得分(100 分)					

任务拓展

请在完成本电动机控制线路安装的基础上,自行完成电动机接触器切换 Y/△接降压启动控制线路的安装与调试工作。

任务五　绕线式异步电动机转子串电阻启动控制线路的安装与调试

任务描述

本任务是根据绕线式异步电动机转子串电阻启动线路原理图,制作其安装工艺计划,绘制其电气元件布置图和电气安装接线图,以及完成电气元件选用和检查,并按照安装工艺计划完成绕线式异步电动机转子串电阻启动控制线路的安装;对安装完毕的电气控制线路进行不通电检测和通电试车检测,并根据检测时发现的问题进行故障分析,找出故障点并排除。

1. 任务目标

(1) 熟悉绕线式异步电动机转子串电阻启动控制线路的工作原理。

(2) 能按绕线式异步电动机转子串电阻启动控制线路原理图正确选取电气元件并对其检测。

(3) 能实施绕线式异步电动机转子串电阻启动控制线路的安装工艺流程制作。

(4) 按绕线式异步电动机转子串电阻启动控制线路安装工艺流程进行线路安装、调试与故障排查。

2. 任务步骤

(1) 分析电气原理图,按图配备电气元件,并对其进行检测。

(2) 绘制绕线式异步电动机转子串电阻启动控制线路电气元件布置图和电气安装接线图。

(3) 按工艺要求完成绕线式异步电动机转子串电阻启动控制线路的接线安装。

(4) 对绕线式异步电动机转子串电阻启动控制安装线路进行不通电检测。

(5) 对绕线式异步电动机转子串电阻启动控制安装线路进行通电试车检测。

(6) 按(4)、(5)步骤的检测结果进行故障排查。

3. 实训工具、仪表和器材

(1) 实训工具:螺钉旋具(大十字、大一字、小一字)、剥线钳、尖嘴钳和镊子等。

(2) 仪表:数字万用表一套。

(3) 实训器材:绕线式异步电动机转子串电阻启动控制线路安装所用实训器材如表3.5.1所示。

表 3.5.1　绕线式异步电动机转子串电阻启动控制线路所用实训器材清单

文字符号	器件名称	型号规格	数量	备注
QF	断路器	HDBE-63/3P/1P	各1	—
FU	熔断器	RT14-20 3P/1P	各1	—
KM1~KM3	交流接触器	CJX2-0911	1	—
KA1~KA3	欠电流继电器	—	—	—
Rf	频敏变阻器	—	—	—
KA	中间继电器	—	—	—
FR	热继电器	NR4-63	1	—
SB	启停按钮	LAY7-11BN	红绿各1	—
XT	接线端子	TB2515	1	—
M	电动机	绕线式异步电动机	1	≤5.5 kW, 380 V, Y/△
—	网孔板	孔距 10 mm×5 mm	1	—
BVR	导线	1 mm	若干	JS14P-99S
—	线鼻子(针)	1 mm	若干	—
—	线槽	—	若干	—

4. 安全操作

(1) 遵守实训室规章制度和安全操作规范。

(2) 初学者尽量采用"通电看现象,断电查故障"的排故障方法。

(3) 上电试车或故障排查,需经老师允许,若有异常应立即停车。

(4) 工作结束,关闭电源和万用表。

知识储备

一、绕线式异步电动机启动方法

　　根据电动机的结构和运行原理分析可知,电动机启动时的启动电流较大,一般是额定电流的 5~7 倍,会使输电线路上产生过大的电压降,造成由同一输电线路供电的邻近的电动机转速变低,电流增大,转矩减小等。为了减小此类影响,在实际应用时需要采取一定措施。

　　电动机转子电阻增大不但会减小转子电流,从而减小定子电流(启动电流),而且还可以提高电磁转矩(启动转矩)。显然这种启动方式可以满足电动机启动的要求,因而被广泛使用。绕线式异步电动机的转子从各相滑环处可外接变阻器,从而可很方便地改变转子电阻,因此常采用此种启动方案改善电动机的启动性能。

　　绕线式异步电动机转子绕组通过滑环与外加设备相串联,如外接电阻或电抗,可减小启动电流,以达到提高启动转矩的目的,其控制线路原理图如图 3.5.1 所示。

　　绕线式异步电动机转子串电阻启动控制线路控制过程为:合上电源开关 QF,按下按钮 SB2,接触器 KM1 线圈得电,继而 KT1 线圈得电,电动机主电路转子回路串联全部电阻进行启动,电动机转速逐步升高;当 KT1 延时时间到,其延时闭合常开触点闭合,KM2 线圈

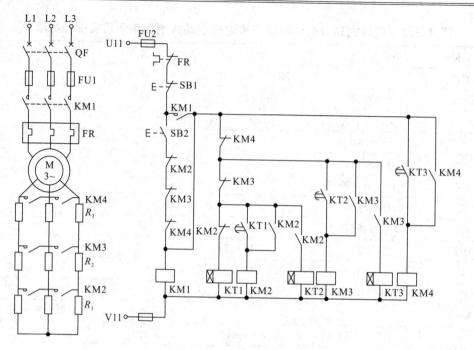

图 3.5.1　绕线式异步电动机转子串电阻启动控制线路原理图

得电，继而 KT2 也得电，主电路转子回路短接第一组电阻；当 KT2 延时时间到，其延时闭合常开触点闭合，KM3 线圈得电，继而 KT3 也得电，主电路转子回路短接第二组电阻，并且 KM3 的辅助常闭触点断开，使 KM2、KT1、KT2 均断电释放；当 KT3 延时时间到，其延时闭合常开触点闭合，KM4 线圈得电，主电路转子回路进而短接第三组电阻，电动机全压启动运行，并且由于 KM4 辅助常闭触点断开，使 KM3、KT3 断电释放；当启动过程结束时，只有 KM1、KM4 两个接触器处于通电状态，既节约了电能，也可延长 KM2、KM3 和时间继电器的使用寿命。

二、频敏变阻器

频敏变阻器是一个三相铁芯电抗器，它有一个三柱铁芯，每个柱上有一个绕组。它的铁芯由较厚的钢板叠成，三个绕组一般接成星形串联在转子电路中。电动机转速增高时，转子和旋转磁场相对转速减小，转子电流频率降低，频敏变阻器的阻抗随着电流频率的变化而有明显的变化。由于频敏变阻器的等值电阻 R_m 和电抗 X_m 随转子电流频率而变，反应灵敏，故叫作频敏变阻器。电流频率高时，阻抗值也高；电流频率低时，阻抗值也低。频敏变阻器的这一频率特性非常适合于控制异步电动机的启动过程。电动机启动时，转子电流频率 f_z 最大。R_m 与 X_m 最大，从而使电动机获得较大启动转矩。电动机启动后，随着转速的提高，转子电流频率逐渐降低，R_m 和 X_m 都自动减小，所以电动机可以近似地得到恒转矩特性，实现电动机的无级启动。电动机启动完毕后，频敏变阻器应被短路切除。如图 3.5.2 所示为 BP1 系列频敏变阻器实物。

图 3.5.2　BP1 系列频敏变阻器实物图

三、绕线式异步电动机转子串电阻启动控制

按绕线式异步电动机转子在启动过程中串接的装置的不同,可分为转子串电阻启动控制线路和转子串频敏变阻器启动控制线路。

1. 转子串电阻启动控制线路

绕线式异步电动机转子串电阻启动控制线路一般是在转子回路串入多级电阻,利用接触器的主触点分段切除,使绕线式异步电动机的转速逐级提高,最后使电动机达到额定转速而稳定运行。按其控制方式的不同,转子串电阻启动控制线路可分为时间继电器控制和电流控制两种启动控制线路。

1) 时间继电器控制的转子串电阻启动控制线路

时间继电器控制的转子串电阻启动控制线路原理如图 3.5.3 所示。

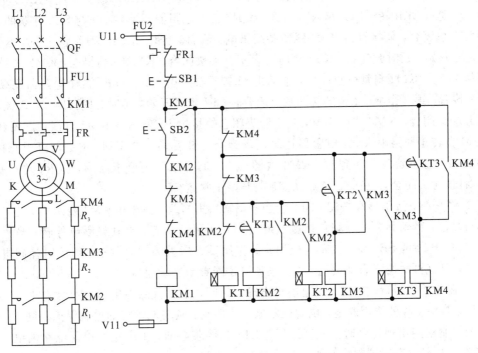

图 3.5.3　时间继电器控制的转子串电阻启动控制线路原理图

（1）原理图构成。

时间继电器控制的转子串电阻启动控制线路原理图由主电路和控制电路两部分构成。其原理图的左半边为主电路,右半边为控制电路。主电路包括三相工作电源 L1、L2、L3,隔离开关 QF,熔断器 FU1,接触器 KM1、KM2、KM3 和 KM4 主触点,热继电器 FR 热元件和电动机 M,流过电流较大。控制电路包括供电电源接线端 U11 与 V11,熔断器 FU2,按钮 SB1、SB2,接触器 KM1、KM2、KM3、KM4 的线圈和辅助触点,热继电器常闭辅助触点 FR1,时间继电器 KT1、KT2 和 KT3,接触器 KM1、KM2、KM3、KM4 线圈,流过电流较小。

从主电路可以看出,KM1、KM2 和 KM3 主触头是不允许同时闭合的,否则不能实现逐级限流启动控制效果。

　　在图 3.5.3 中，KM1 是控制电动机定子供电的接触器，KM2、KM3 和 KM4 是控制逐级短接电动机转子所串电阻器的接触器，SB1 为停车按钮，SB2 为启动按钮。接触器 KM1 的主触头使三相电源(L1、L2、L3)和电动机绕组(U、V、W)按相序分别相连，即 L1 - U、L2 - V、L3 - W 相接；接触器 KM2、KM3 和 KM4 主触头(其中两对)用于使电动机绕组 (K、L、M)和相应电阻器相接。

　　元件作用：空气开关 QF 主要作为电源隔离使用；熔断器 FU1、FU2 用于短路保护；接触器 KM1、KM2、KM3、KM4 起自动控制作用；热继电器 FR1 用于过载保护；电动机 M 作为动力拖动使用；按钮 SB1、SB2 为主令电器，用于手动发出控制信号(启停按钮)；时间继电器 KT1、KT2 和 KT3 起延时控制作用。

　　(2) 工作原理。

　　时间继电器控制的转子串电阻启动控制线路工作过程如下：

　　① 首先启动时，合上电源开关 QF 后按下启动按钮 SB2，KM1 线圈得电，KM1 主触点闭合，电动机 M 在转子回路串入 R_1、R_2 和 R_3 三个电阻器开始启动，与 SB2 并联的 KM1 自锁触点也闭合，使接触器 KM1 线圈持续供电，从而保证电动机连续运行；同时，KT1 得电，延时开始，延时时间到，KT1 延时闭合常开触头闭合，KM2 线圈得电，KM2 主触点闭合短接掉 R_1，KM2 自锁触点闭合，电动机 M 转子绕组串入 R_2 和 R_3 两个电阻器逐级启动运行；接着，第二个 KM2 辅助常开触点闭合，KT2 延时开始，延时时间到时，KT2 延时闭合常开触头闭合，KM3 线圈得电，其主触头闭合短接掉 R_1 和 R_2，KM3 自锁触点闭合，电动机 M 在转子回路串入 R_3 电阻器逐级启动运行；最后第二个 KM3 辅助常开触点闭合，KT3 延时开始，延时时间到时，KM4 线圈得电，其主触头闭合 R_1、R_2 和 R_3 均被短接，KM4 自锁触头闭合，电动机 M 启动完成，开始正常运行。

　　② 停车时，按下停车按钮 SB1，接触器 KM1、KM2、KM3 和 KM4 线圈均失电，其衔铁释放复位，带动其主触点和自锁触点复位而处于断开状态，电动机断电停转；当手松开停车按钮 SB1 后，SB1 在其内部复位弹簧的作用下又恢复为闭合状态，但此时控制电路已经断开，只有再次按下启动按钮 SB2，电动机才能重新启动运转。

　　③ 在电动机运行过程中，当电动机出现长时间过载而使热继电器 FR1 动作时，其常闭辅助触点断开，KM 线圈断电，电动机断电停止转动，实现电动机的过载保护。同样，若主电路或控制电路出现短路时，熔断器 FU1、FU2 熔芯熔断，主电路和控制电路断电，电动机 M 断电停转，实现控制线路的短路保护。

　　注意：该方式启动控制线路进入正常运行时，只有 KM1 和 KM4 长期处于通电状态，而其他接触器和时间继电器的线圈均短时间通电，可节省电能和延长器件的使用寿命，同时也能减少电路故障率，保证控制线路安全、可靠地工作。但此控制线路也存在不足：一是当时间继电器有故障时，控制线路无法实现电动机的正常启动和运行；二是由于启动方式是逐级短接转子电阻，将使电动机电流与电磁转矩逐级增大，也使产生的机械冲击力增大。

　　2) 电流继电器控制的转子串电阻启动控制线路

　　电流继电器控制的绕线式转子串电阻启动控制线路原理如图 3.5.4 所示。

　　(1) 原理图构成。

　　电流继电器控制的转子串电阻启动控制线路原理图由主电路和控制电路两部分构成。其原理图的左半边为主电路，右半边为控制电路。主电路包括三相工作电源 L1、L2、L3，

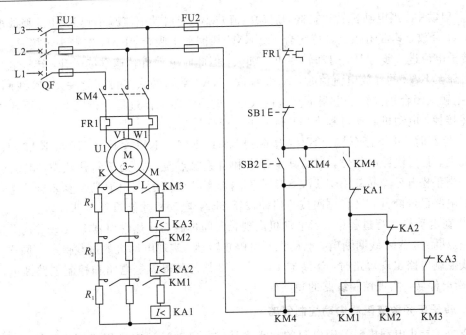

图 3.5.4　电流继电器控制的转子串电阻启动控制线路原理图

隔离开关 QF，熔断器 FU1，接触器 KM、KM1、KM2 和 KM3 主触点，热继电器 FR 热元件和电动机 M，欠电流继电器线圈 KA1、KA2 和 KA3，流过电流较大。控制电路包括熔断器 FU2，按钮 SB1、SB2，接触器的线圈 KM1、KM2、KM3、KM4 及其辅助触点，电流继电器常闭触点 KA1、KA2、KA3，热继电器常闭辅助触点 FR。流过电流较小。

从主电路可以看出，KM1、KM2 和 KM3 的主触头是不允许同时闭合的，否则无法实现逐级串电阻限流控制效果。

在图 3.5.4 中，KM4 为主接触器，KM1、KM2 和 KM3 为控制转子回路串电阻的接触器，SB2 为启动按钮，SB1 为停车按钮。主接触器 KM4 主触头使三相电源(L1、L2、L3)和电动机定子绕组(U1、V1、W1)按相序分别相连接，即 L1 - U1、L2 - V1、L3 - W1 相接；三个电流继电器 KA1、KA2、KA3 线圈和接触器 KM1、KM2、KM3 的主触头是控制电动机的转子是否与相应的电阻器相接的器件。

元件作用：空气开关 QF 主要作为电源隔离使用，熔断器 FU1、FU2 用于短路保护，接触器 KM1、KM2 和 KM3 起自动控制作用，电流继电器 KA1、KA2、KA3 起过电流自动控制作用，热继电器 FR1 用于过载保护，电动机 M 作为动力拖动使用，按钮 SB1、SB2 为主令电器，用于手动发出控制信号(启停按钮)。

(2) 工作原理。

电流继电器控制的转子串电阻启动控制线路工作过程如下：

① 启动时，合上电源开关 QF 后，按下启动按钮 SB2，KM4 线圈得电，KM4 主触点闭合，KM1 自锁触点闭合，电动机 M 串入 R_1、R_2 和 R_3 三个电阻器实现限流启动；同时，欠电流继电器 KA1、KA2、KA3 线圈得电，为 KM1、KM2、KM3 通电做准备。当电动机刚启动时，启动电流大，使串在转子绕组上的欠电流继电器 KA1、KA2 和 KA3 同时通电吸合，则其常闭触头断开，使 KM1、KM2 和 KM3 处于断电状态，此时电动机 M 的转子同时串入 R_1、R_2 和 R_3 电阻器启动，达到限制启动电流、提高启动转矩的目的。

② 启动中，当电动机转速提高，启动电流减小，当启动电流减小到 KA1 的释放电流值时，KA1 释放，其常闭触点复位闭合，使 KM1 线圈通电吸合，KM1 主触头短接 R_1 转子电阻，转子电流进一步上升，启动转矩再次加大，但此时电动机转速继续上升，转子电流又下降，当降至 KA2 的释放电流值时，KA2 释放，KA2 常闭触头复位闭合使 KM2 线圈得电，KM2 主触头闭合短接转子电阻 R_2（包括 R_1）。此后线路工作过程分析同上，直至转子电阻全被短接掉，电动机启动过程完毕，转入正常运行状态。

③ 停车时，按下停车按钮 SB1，接触器 KM1、KM2、KM3，以及 KA1、KA2、KA3 线圈均失电、其衔铁释放复位，带动其主触点和自锁触点复位而处于断开状态，电动机断电停转。当手松开停车按钮 SB1 后，SB1 在其内部复位弹簧的作用下又恢复闭合状态，但此时控制电路已经断开，只有再次按下启动按钮 SB2，电动机才能重新启动运转。

④ 在电动机运行过程中，当电动机出现长时间过载而使热继电器 FR1 动作时，其常闭辅助触点断开，KM 线圈断电，电动机断电停止转动，实现电动机的过载保护。同样，若主电路或控制电路出现短路时，熔断器 FU1、FU2 熔芯熔断，主电路和控制电路断电，电动机 M 断电停转，实现控制线路的短路保护。

2. 转子串频敏变阻器启动控制线路

绕线式异步电动机转子串电阻的启动方法，在启动过程中是逐级短接掉转子电阻的，那么电动机在每次短接掉一级电阻时，其启动电流和转矩都会瞬间突然增大，产生一定的机械冲击力。为减小电流冲击力，必须增加电阻器的级数，这将使控制线路变得更为复杂和庞大。而频敏变阻器的阻抗能平滑变化（与电流频率有关），将其串入电动机转子绕组，能够实现电动机启动电流和启动转矩的平滑变化，从而减小电动机的机械冲击力，其控制线路原理如图 3.5.5 所示。

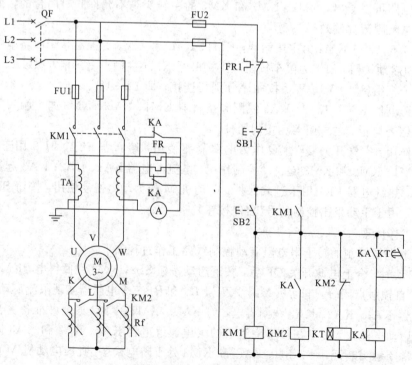

图 3.5.5 转子串频敏变阻器启动控制线路原理图

1）识读线路图

转子串频敏变阻器启动控制线路原理图由主电路和控制电路两部分构成。其原理图的左半边为主电路，右半边为控制电路。主电路包括三相工作电源 L1、L2、L3，隔离开关 QF，熔断器 FU1，接触器 KM1、KM2 主触点，热继电器 FR 热元件，中间继电器 KA，电流互感器 TA，频敏变阻器 Rf 和电动机 M，流过电流较大。控制电路包括熔断器 FU2、启动按钮 SB2 及其常闭触点、停车按钮 SB1、接触器的自锁触点 KM1、互锁触点 KM2、热继电器常闭触点 FR、中间继电器 KA 的常开和常闭触点、两接触器线圈 KM1 与 KM2、中间继电器线圈 KA、时间继电器线圈 KT、延时闭合触点 KT，流过电流较小。

在图 3.5.5 中，KM1 为主接触器，KM2 为控制电动机转子回路接入频敏变阻器的接触器，SB2 为启动按钮，SB1 为停车按钮。主接触器 KM1 的主触头使三相电源（L1、L2、L3）和电动机定子绕组（U、V、W）按相序分别相连接，即 L1 - U、L2 - V、L3 - W 相接；接触器 KM2 的主触头用于控制电动机转子回路与频敏变阻器相接。

元件作用：空气开关 QF 主要作为电源隔离使用，熔断器 FU1、FU2 用于短路保护，接触器 KM1、KM2 起自动控制作用，热继电器 FR1 用于过载保护，电动机 M 作为动力拖动使用，按钮 SB1、SB2、SB3 为主令电器，用于手动发出控制信号（启停按钮）。

2）工作原理

转子串频敏变阻器启动控制线路工作过程如下：

（1）启动时，合上电源开关 QF 后按下启动按钮 SB2，接触器 KM1 线圈得电并自锁，KM1 主触点闭合，电动机 M 接通三相电源，电动机 M 转子串入频敏变阻器启动运行；同时，时间继电器 KT 线圈得电，计时开始；当 KT 延时时间到，KT 延时闭合动合触点闭合，KA 线圈得电并自锁，主电路里的 KA 辅助常闭触点断开，热继电器 FR 投入电路作过载保护；与此同时，控制电路里的 KA 辅助常开触点闭合，KM2 线圈得电，其主触点闭合切除频敏变阻器，电动机启动完毕，进入正常运行阶段。

注意：线路过载保护的热继电器 FR 接在电流互感器的二次侧，这是因为电动机容量大，为了提高热继电器的灵敏度和可靠性。

（2）停车时，按下停车按钮 SB1，接触器 KM1、KM2 和 KA 线圈失电、其衔铁释放复位，带动其主触点和自锁触点复位至断开状态，电动机断电停转。当手松开停车按钮 SB1 后，SB1 在其内部复位弹簧的作用下又恢复为闭合状态，但此时控制电路已经断开，只有再次按下启动按钮 SB2，电动机才能重新启动运转。

该启动方法常用于大功率电动机，启动过程较缓慢，为避免由于启动过程过长而使热继电器 FR 误动作，采用中间继电器 KA 动断触头将热继电器 FR 热元件并联短接，直到电动机启动过程结束进入稳定正常运行阶段时，再将热继电器 FR 的热元件接入电流互感器二次回路进行过载保护。

任务实施

绕线式异步电动机转子串电阻启动控制线路的安装任务包括电气原理图的分析、电气系统图的绘制、电气元件选择与检测、电气控制线路的安装和文件存档。

一、电气原理图的识读

绕线式异步电动机转子串电阻启动控制线路原理如图 3.5.6 所示。

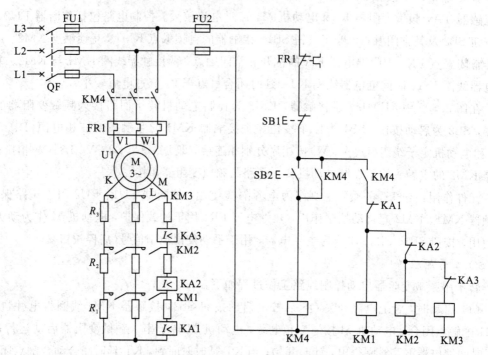

图 3.5.6　绕线式异步电动机转子串电阻启动控制线路原理图

首先，分析本任务线路所用的电源。本任务线路所用电源是三相 380 V、50 Hz 的交流电源，主电路中有 1 台笼型异步电动机 M，启动方式为转子串电阻限流启动运行。

其次，观察主电路中所用的电器。本任务线路所选用的电器为隔离开关作用的断路器 QF，自动控制作用的接触器 KM、KM1、KM2 和 KM3，欠电流继电器 KA1、KA2、KA3，电阻器 R_1、R_2、R_3，起短路保护作用的熔断器 FU1，起过载保护作用的热继电器 FR。

最后，分析控制电路所用设备。所用电源为两相交流电源，即工作电压是 380V。所用电气元件有指令开关自复位按钮 SB1、SB2，接触器 KM1、KM2、KM3 辅助触点、线圈，热继电器触点 FR1，短路保护熔断器 FU2 和热继电器触点 FR1。

二、电气元件检测

电气元件检测包括电气元件选择、外观检查和仪表检测。

1. 电气元件选择

按照本任务提供的绕线式异步电动机转子串电阻启动线路原理图（见图 3.5.6），填写材料配置清单于表 3.5.2 中，并按照材料清单领取所需电气元件，要求备件齐全。

表 3.5.2　绕线式异步电动机转子串电阻启动控制线路材料配置清单

元 件 名 称	型　号	规　格	数　量	正常与否

2. 外观检查

外观检查包括以下两方面：

（1）铭牌检查。根据本任务线路技术参数要求，对所领用元件的铭牌参数进行逐一核对，核对其额定电压、电流以及电流整定值等参数是否符合要求。

（2）元件外观检查。检查所领用元件是否有损坏，譬如磕碰和裂痕，以及紧固件螺丝钉是否齐全，可动部分是否灵活等，要求外观完好无损。

3. 仪表检测

本任务的控制线路所需的各个电气元件外观检测完成后，还需要进行仪表检测，即用万用表电阻挡检测触点通断情况是否良好，检查各电气元件绝缘情况是否良好，检查电动机性能是否良好。电气元件检测完毕，将检测结果填入表 3.5.3 中。

表 3.5.3　电气元件检测表

序　号	文字符号	设备名称	是否完好	备　注
1	QF			
2	FU			
3	KM1~KM3			
4	KA1~KA3			
5	$R_1 \sim R_3$			
6	FR			
7	SB1			
8	SB2			
9	M			
10	XT			

注：电气元件检测方法详见模块二。

三、电气控制系统图的绘制

电气元件布置图和电气安装接线图是控制线路安装的主要依据。

根据电气安装接线图和电气元件布置图的绘制原则（详见模块一），绘制出绕线式异步电动机转子串电阻启动控制线路的电气元件布置图、绕线式异步电动机转子串电阻启动控制线路的安装接线图。实物布置示意图如图 3.5.7 所示。

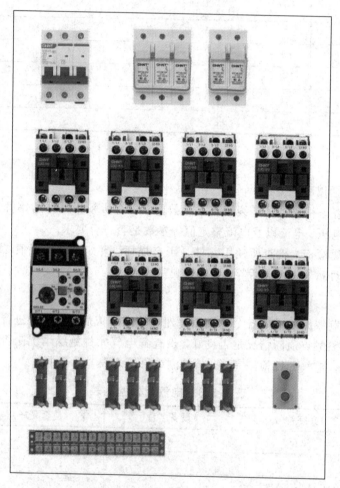

图 3.5.7　实物元件布置示意图

注意：通常将电气元件布置图与电气安装接线图组合在一起，既起到电气安装接线图的作用，又能清晰地表示出电气元件的布置情况。

四、电气控制线路的安装

绕线式异步电动机转子串电阻启动控制线路的安装主要包括电气元件安装和布线。

1. 电气元件安装

按照本任务的电气元件布置示意图（见图 3.5.7），即可在给定的线路安装板上进行断路器、熔断器、接触器、热继电器、启停开关和接线端子等布置与安装，具体安装步骤如下。

1）选择安装方式

本任务线路选择导轨安装方式，该方式便于电气元件安装和更换。安装步骤为：导轨裁剪为合适的长度，通过螺钉固定到安装板上。安装要求为：螺钉的间距不能太大，固定好的导轨要横平竖直，导轨的安装位置应满足线路布线要求。

2）电气元件安装

首先按照电气元件布置图，在安装板上规划好各电气元件的安装位置；然后安装导轨于安装板合适位置；最后按照安装规则，将本任务所需的所有电气元件安装于导轨上。

注意：安装导轨和电气元件时，要为布线留有合适空间，包括线槽所占空间。

2. 布线

按照布线工艺和流程（详情请参照模块一）进行布线。本任务的具体布线步骤如下。

1）导线选型

结合本任务线路的配线方法和实际线路情况，导线类型选择软导线（BVR），导线截面积大小为 1 mm²。

2）配线方法

结合本任务线路的实际情况，优先选择板前线槽配线法进行配线。该方法具有安装施工迅速、简便，而且外观整齐美观，检查维修及改装方便等优点。

3）接线

电气元件和线槽固定完毕后，严格按照接线规则和步骤进行本任务线路的接线工作。

接线注意事项：

（1）导线连接必须牢固，不得松动。

（2）每根连接导线中间不得有接头。

（3）按钮盒内接线时，切记启动按钮接动合触点（常开触点）。

（4）接触器的自锁触点接线时，切记并接在启动按钮两端。

（5）热继电器的动断触点（常闭触点）接线时，切记串接在控制电路中。

五、电动机控制线路的调试

绕线式异步电动机转子串电阻启动控制线路安装完毕，必须经过认真检查后才能通电试车，通电试车成功后此线路才算是合格的。本线路调试主要包括不通电检测和通电试车检测两个阶段。

1. 不通电检测

进行安装线路板不通电检测前一定要确保切断安装线路板的供电电源，检测主要从外观检测和仪表检测两个方面进行。

1）外观检测

外观检测主要是指依据线路原理图或安装接线图对安装线路板进行外观检测。

（1）电气元件检查。根据电气控制线路调试方法和步骤（详见模块一的任务三），查看电气元件的安装位置和方向是否正确以及安装是否牢固，电气元件的操作机构是否灵活，复位机构是否处于复位状态，开关、按钮等是否处于原始位置，复位机构是否处于复位状态，保护元件整定值是否符合线路要求。按上述检查项检查完毕后，将电气元件检查结果记录于表 3.5.4 中。

表 3.5.4　电气元件检查记录表

检查内容		是否合格	备　注
电气元件安装	位置		
	方向		
	牢固		
复位情况			
整定值			

（2）线路检查。线路检查主要是检查配线选择是否符合要求，接线压接是否牢固、是否符合接线工艺，接线、线号是否正确等。

检查步骤为：对照电气原理图或电气安装接线图，先主电路后控制电路，从上到下从左到右逐线检查核对。按照上述检查项和检查步骤检查完毕后，将线路检查结果记录于表3.5.5 中。

表 3.5.5　线路检查记录表

检查对象	检查内容	是否合格	备　注
主电路	导线类型		
	接线是否牢固		
	压线是否合格		
	线号是否正确		
	接线是否齐全		
	接线工艺		
控制电路	导线类型		
	接线是否牢固		
	压线是否合格		
	线号是否正确		
	接线是否齐全		
	接线工艺		

2）仪表检测

仪表检测主要包括主电路通断检测和控制电路通断检测。

（1）主电路通断检测。主电路通断检测内容与步骤如下：

① 万用表挡位选择欧姆挡。

② 在接线端子排 XT 上选定测量点。

③ 进行 L1 - U1、L2 - V1 和 L3 - W1 各段的"断"测试。若万用表显示∞，则线路正常，否则线路存在故障。

④ 进行 L1 - U1、L2 - V1 和 L3 - W1 各段的"通"测试。若万用表显示趋近于 0Ω，则线路正常，否则线路存在故障。

⑤ 进行 K - L、K - M 和 L - M 各段的"通"测试。若万用表显示为电阻器两相之间的串联阻值和,则线路正常,否则转子回路有接线故障。

⑥ 进行 L1 - L2、L2 - L3 和 L1 - L3 各段的"绝缘"测试。若万用表显示∞,则线路正常,否则线路存在故障。

检查主电路通断情况时,分别在接线端子排 XT 上选定各测量段 L1 - U1、L2 - V1、L3 - W1,以及 K - L、K - W、L - W,调整万用表挡位旋钮至 200 Ω 挡。若不对电气元件做任何操作,则选定的第一组测量段的测量值应为无穷大,即万用表显示溢出标志 OL(断开状态),第二组测量段的阻值应为电阻器的每两项串联之和;若逐一合闸空气开关 QF,手动压下接触器 KM1(或 KM1、KM2、KM3)触点架,第一组测量段的测量值应该是趋近于 0 Ω(接通状态),第二组段的阻值应逐渐减小到 0 Ω。检测完毕将检测结果记录表 3.5.6 中。

表 3.5.6　主电路通断检测记录表

测试状态(闭合 QF)	测量段	电阻值	正常与否	备注
"断 1"测试(无动作)	L1 - U1			
	L2 - V1			
	L3 - W1			
"断 2"测试(无动作)	K - L			
	K - M			
	L - M			
"通 1"测试(按住 KM4 触点架不动)	L1 - U1			
	L2 - V1			
	L3 - W1			
"通 2"测试(逐次按住 KM1、KM2、KM3 触点架不动)	K - L			
	K - M			
	L - M			
"绝缘"测试	L1 - L2			
	L1 - L3			
	L2 - L3			

(2) 控制电路通断检测。控制电路的检测内容和步骤如下:

① 万用表挡位选择 2 kΩ 欧姆挡。

② 选定测量点,进行短路故障检测。在本任务安装线路板上选测量点 U11 和 V11,用万用表表笔测量这两点之间的电阻,即控制电路的两个进线端子之间的电阻。此时万用表读数应为"∞",否则控制线路可能存在短路故障,一般为启动按钮 SB2 或 KM4 自锁触点处的接线故障。

③ 启动按钮 SB2、KM4 自锁触点功能检测。若按住启动按钮 SB2 不动,万用表读数应为接触器 KM4 线圈的阻值,约 0.7 kΩ(阻值大小和所选用接触器型号有关),否则控制线路存在故障,一般是 SB1、SB2 接线等问题;若压住接触器 KM4 的衔铁架不动,万用表

读数也应约为 0.7 kΩ，否则 KM4 的自锁触点处有故障，一般是接线错误。

④ 停车按钮 SB1 功能检测。按下启动按钮 SB2 不动，万用表读数应为 0.7 kΩ，然后再同时按住停车按钮 SB1，万用表读数应由 0.7 kΩ 跳变为∞，否则 SB1 处故障。

检测完毕，检查结果记录于列表 3.5.7 中。

表 3.5.7　控制电路通断检测记录表

测 试 步 骤	测量段	电阻值	正常与否	备注
"断路"测试	U11 - V11			
SB2 功能测试(闭合 SB2)	U11 - V11			
KM4 自锁触点测试(闭合 KM4)	U11 - V11			
SB1 功能测试(先按住 SB2 不动，再按 SB1)	U11 - V11			

注意：安装线路板不通电检测前一定要切断其供电电源。

2. 通电试车检测

对于经验还不足的操作人员，在进行通电试车检测时，须经指导老师或带班师傅允许并在其监护下进行。

若安装线路板的不通电检测结果正常，则可进入通电试车检测调试阶段。通电试车检测包括空载试车检测和带载试车检测，先进行空载试车检测，观察电气元件动作情况，后进行带载试车检测，观察电动机运行情况。

1) 空载试车检测(不接电动机)

实际操作步骤如下：

(1) 先不接电动机，只接通控制电路电源。

(2) 按下启动按钮 SB2，观察接触器 KM4 触点架是否能一直吸合，若吸合则线路正常，否则线路有故障。

(3) 先按下 SB2，接触器 KM4 触点架吸合，再按下停车按钮 SB1，观察 KM4 触点架是否释放，若是则线路正常，否则线路有故障。

若上述任一步骤有故障，应立即停车并切断电源开关(最好物理断电)，检查故障原因，找出故障。切记，未查明原因不得强行送电。

注意：空载试车完毕，应及时切断电路供电电源，恢复所有操作手柄于原位(断电状态)。

2) 带载试车检测(接电动机)

若空载试车检测正常，则进入带载试车测试阶段。

实际操作步骤如下：

(1) 将电动机正确接入线路安装板，接通供电电源。

(2) 按下启动按钮 SB2，观察电动机的转动、转向及声音是否正常，若正向转动且声音正常则线路正常，否则有故障。

(3) 电机运行状态下，按下停车按钮 SB1，观察电动机能否正常停止转动。

若上述任一步骤发现异常，应立即停车并切断电源，进行故障排查，直至故障排除。切记，未查明原因不得强行送电。

注意：带载试车完毕，应及时切断电路供电电源，恢复所有操作手柄于原位(断电状态)。

3）试车注意事项

（1）通电试车检测必须在指导老师的监护下进行。

（2）调试前必须熟悉线路结构、功能和操作规程。

（3）通电时，先接通总电源，后接通分电源；断电时，顺序相反。

（4）接入电动机前，确保线路处于断电状态。

（5）电动机和线路安装板必须平稳，其金属外壳必须可靠接地。

（6）通电后，注意观察运行情况，做好随时停车准备，防止意外事故发生。

六、常见故障与排查

本任务控制线路的常见故障有控制电路短路、启动按钮 SB2 不起作用、接触器 KM4 自锁触点不起作用、电动机运行声音异常等故障。

建议采用不通电电阻检测故障排查法进行故障排查，此方法较安全，便于学生使用。不通电电阻测量法包括下面两种方法。

1. 分阶电阻测量法

本任务控制线路常见故障用分阶电阻测量法排查，如图 3.5.8 所示。首先，根据故障现象等情况初步判断故障点，并确认电源为断开状态，按下启动按钮 SB2 不放，用万用表 2 kΩ 电阻挡测量 1-5 之间电阻。若电阻值无穷大，说明线路断路。然后，万用表一表笔接触于 5 点不动，另一表笔逐个测量 4、3、2 各点的电阻值。若测量某点时的电阻突然增大，说明此点与前一点之间的连线断路或接触不良，需进一步排查此段触点连线情况。同上述过程，测量其他支路间的电阻值，并和原理图进行核对，若不符合推导结果，则说明此点与前一点之间的连线存在接线故障。

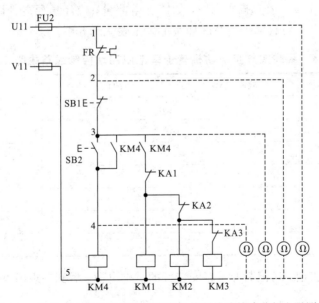

图 3.5.8 绕线式电动机转子串电阻启动控制线路故障分析电阻测量法

2. 分段电阻测量法

分段电阻测量法也可用于本任务控制线路的故障排查，如图 3.5.9 所示。首先断开电源，按下启动按钮 SB2 不放，用万用表 2 kΩ 电阻挡，测量 1-5 之间电阻，若电阻值无穷大，说明电路断路。然后用万用表表笔分别测量 5-4、4-3、3-2、2-1 各段的电阻值，若测出某段电阻值很大，则说明这段的连线断路或接触不良，需进一步排查此段触点连线情况，直至查出故障点。

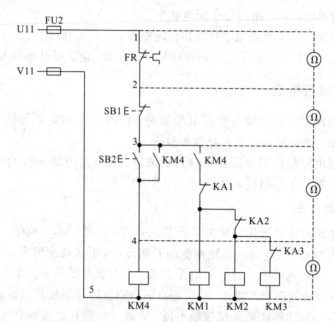

图 3.5.9　绕线式电动机转子串电阻启动控制线路故障分段电阻测量法

在绕线式异步电动机转子串电阻启动控制线路中，若遇见常见故障可用上述不通电电阻测量法进行故障排查。故障排查完毕，如需上电测量，应经指导老师同意并在其监护下进行。故障排除完毕，将故障排查情况如实记录于表 3.5.8 中。

表 3.5.8　绕线式异步电动机转子串电阻启动控制线路故障点记录表

故障回路	故障描述	故障点	排除与否
主电路			
控制电路			

注意：故障检查前，切记断开线路安装板的供电电源，做到物理断电即断开电源线。

七、文件存档

本任务控制线路制作、调试完毕，将所用的电气原理图、电气安装接线图、器件材料配置清单、调试与故障排查等记录材料按顺序整理于任务工单中进行保存。其任务工单分别见表 3.5.9 和表 3.5.10。

表 3.5.9　任务工单一：绕线式异步电动机转子串电阻启动控制线路安装

院系		班级		姓名		学号	
日期		地点		教师		课时	
课程名称							
实训任务		绕线式异步电动机转子串电阻启动控制线路安装					
实训目的							
工具设备							
任务分工及计划							
绘制电气元件布置图和电气安装接线图							

电气元件检测	操作项目	操作步骤		结　果
	实物认知	铭牌/型号：		
		外观检查：		
	仪表检测	触点通断：		
		相间绝缘：		

电气元件检测及安装步骤	
任务重点和要点	
存在问题和解决方法	

表 3.5.10   任务工单二：绕线式异步电动机转子串电阻启动控制线路调试

院系		班级		姓名		学号	
日期		地点		教师		课时	
课程名称							
实训任务		绕线式异步电动机转子串电阻启动控制线路调试					
操作要求							
任务分工及计划							

操作内容	具体内容	操 作 要 求
	不通电检测	
	通电检测	
	故障检修	

调试与检修结果汇总	
任务重点和要点	
存在问题和解决方法	

任务评价

绕线式异步电动机转子串电阻启动控制线路的安装与调试任务评价分别见表 3.5.11 和表 3.5.12。

表 3.5.11 任务评价表一:绕线式异步电动机转子串电阻启动控制线路的安装

组名/组员				班级	
任务名称		绕线式异步电动机转子串电阻启动控制线路安装		得分	
序号	内容	考核要求	评分细则	配分	赋分
1	实物认知	认识名称、型号及参数意义	1. 识别 5 分 2. 型号和参数 5 分	10	
2	元件检测	按正确步骤和要求进行器件检测,并做好记录	1. 外观检测 10 分 2. 触点通断检测 10 分 3. 相间绝缘检测 10 分	30	
3	元件安装			30	
任务得分(70 分)					
4	安全操作			20	
5	文明操作			10	
职业素养与操作规范得分(30 分)					
总得分(100 分)					

表 3.5.12 任务评价表二:绕线式异步电动机转子串电阻启动控制线路调试

组名/组员				班级	
任务名称		绕线式异步电动机转子串电阻启动控制线路调试		得分	
序号	主要内容	考核要求	评分细则	配分	赋分
1	不通电检测	能按正确步骤和要求进行检测并正确分析问题	1. 步骤和结果正确 20 分 2. 问题分析正确 10 分	30	
2	通电试车检测	按正确步骤和要求进行通电试车。	1. 空载试车一次成功 10 分 2. 带载试车一次成功 10 分	20	
3	故障排查	按正确步骤和要求进行故障排查	1. 会分析故障 5 分 2. 排查故障 10 分 3. 排除故障 5 分	20	
任务得分(70 分)					
4	安全操作			20	
5	文明操作			10	
职业素养与操作规范得分(30 分)					
总得分(100 分)					

任务拓展

　　请在完成本电动机控制线路安装的基础上，自行完成绕线式电动机转子串频敏变阻器降压启动控制线路的安装与调试工作。

课程思政

　　本模块主要介绍了常用电气控制线路系统图的绘制原则、工作原理分析、安装及其调试流程。通过学习，学生能够掌握常用电气控制线路的安装工艺计划制定和线路安装与调试。

　　在讲解电动机常用控制线路的安装与调试时，给出生活中的应用实例，介绍当下企业管理制度和产品质量以及先进技术，让学生预先了解和本课程相关的岗位要求，了解必须具备的职业素养，使学生具有基本的职业素养，把认真、敬业、执着的工匠精神融入学习实践当中，为学生今后的职业发展树立正确的价值观。

模块四　典型电气控制线路的安装与调试

　　电动机的转速是以满足生产过程的需求而进行设置的，从而保证生产设备的加工质量。电动机的转动部分有惯性，有时为了缩短辅助工时，提高生产机械的生产率和安全，常常要求电动机能够迅速停车和反转，因此需要对其控制线路进行设计安装与调试。本模块将介绍电动机转速和能耗制动控制线路的安装与调试。

知识目标

　　(1) 熟悉三相异步电动机机械制动的基本知识。
　　(2) 掌握典型电气线路控制系统的工作原理分析方法。
　　(3) 掌握典型电气线路控制系统的安装接线步骤和工艺要求。
　　(4) 掌握典型电气线路控制系统的调试方法和故障排查方法。

能力目标

　　(1) 能正确识读电气系统原理图和叙述其工作原理。
　　(2) 依据绘图原则，能正确绘制电气控制系统图。
　　(3) 能够制作电动机转速和能耗制动控制线路的安装工艺计划并按其进行线路安装。
　　(4) 会调试电动机转速和能耗制动控制线路并能根据故障现象进行分析并排除故障。

素养目标

　　(1) 培养学生安全操作、规范操作与文明生产的职业素养。
　　(2) 培养学生爱岗敬业、精益求精的工匠精神。
　　(3) 培养学生科学分析和解决实际问题的能力。

任务一　双速交流异步电动机调速控制线路的安装与调试

任务描述

　　本任务是根据双速交流异步电动机调速线路原理图，制作其安装工艺计划，绘制其电气元件布置图和电气安装接线图，以及完成电气元件选用和检查，并按照安装工艺计划完成双速交流异步电动机调速控制线路的安装；对安装完毕的电气控制线路进行检测，并根据检测时发现的问题进行故障排除。

1. 任务目标

(1) 熟悉双速交流异步电动机调速控制线路的工作原理。

(2) 能按双速交流异步电动机调速控制线路原理图正确选取电气元件并对其检测。

(3) 能实施双速交流异步电动机调速控制线路的安装工艺流程制作。

(4) 按双速交流异步电动机调速控制线路安装工艺流程进行线路安装、调试与故障排查。

2. 任务步骤

(1) 分析电气原理图,按图配备电气元件,并对其进行检测。

(2) 绘制双速交流异步电动机调速控制线路电气元件布置图和电气安装接线图。

(3) 按工艺要求完成双速交流异步电动机调速控制线路的接线安装。

(4) 对双速交流异步电动机调速控制安装线路进行不通电检测。

(5) 对双速交流异步电动机调速控制安装线路进行通电试车检测。

(6) 按(4)、(5)步骤的检测结果进行故障排查。

3. 实训工具、仪表和器材

(1) 实训工具:螺钉旋具(大十字、大一字、小一字)、剥线钳、尖嘴钳和镊子等。

(2) 仪表:数字万用表一套。

(3) 实训器材:双速交流异步电动机调速控制线路安装所用实训器材如表 4.1.1 所示。

表 4.1.1 三相异步双速交流异步电动机调速控制线路所用实训器材清单

文字符号	器件名称	型号规格	数量	备 注
QF	断路器	HDBE - 63/3P/1P	各 1	—
FU	熔断器	RT14 - 20 3P/1P	各 1	—
KM	交流接触器	CJX2 - 0911	1	—
FR	热继电器	NR4 - 63	1	—
SB	启停按钮	LAY7 - 11BN	红绿各 1	—
XT	接线端子	TB2515	1	—
M	电动机	三相鼠笼式电动机	1	≤5.5 kW; 380 V Y/△
—	网孔板	孔距 10 mm×5 mm	1	—
BVR	导线	1 mm	若干	JS14P - 99S
—	线鼻子(针)	1 mm	若干	—
—	线槽		若干	—

4. 安全操作

(1) 遵守实训室规章制度和安全操作规范。

(2) 初学者尽量采用"通电看现象,断电查故障"的排故障方法。

(3) 上电试车或检测,需经老师允许,若有异常应立即停车。

(4) 工作结束,关闭电源和万用表。

知识储备

一、三相异步电动机的调速

在工业生产中为了获得较高的生产效率和保证产品的加工质量，常要求生产机械能在不同的转速下进行工作。因此，在不改变机械负载的情况下，常常需要人为地去调整电动机的转速，比如常用的电气调速（可以简化机械变速机构）。下面将介绍几种电气调速方法。

电动机的转速公式为

$$n = (1-s)n_1 = (1-s)\frac{60f_1}{p}$$

其中：s 为电动机转差率；n_1 为同步转速；p 为极数；f_1 为电源频率。

由上式可知，改变电动机的转速有变频调速、变极调速和变转差率调速三种方式。

1. 变频调速

变频调速是指通过改变电源的频率从而改变电动机转速。近年来，随着电力电子技术的发展，交流电动机采用这种方式进行调速越来越普遍，主要用于拖动泵类负载，如通风机、水泵等。

1）变频调速原则

电动机变频调速原则是不能影响其运行性能，即要求保持电动机的过载能力不变，定子电压与其频率之比为常数。变频调速控制方式通常是以供电电源频率的额定值 f_N 为基准进行上调或者下调的。

2）变频调速装置

交流变频调速器（VVVF）简称变频器，是实现交流电动机调速的一种装置，采用模块化结构，集数字技术、计算机技术和现代自动化控制技术于一体的电动机调速设备。

变频器可以在较大范围内实现较平滑的无级调速，且具有硬的机械特性，是一种较理想的调速方法。此外，变频器具有转矩大、精度高、噪声低、功能齐全、操作简单等特点，广泛应用于钢铁、石油、化工、机械电子等工业领域和家用电器等行业，例如变频空调、变频电冰箱和变频洗衣机等。

变频器按频率变换方法分为间接变频器和直接变频器。

（1）间接变频器。间接变频器是先将工频交流电通过整流器变成直流，然后再经过逆变器将直流变成可控频率的交流，即交-直-交变频器，也是常用的通用变频器。其主要构成如图 4.1.1 所示。

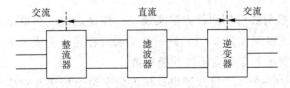

图 4.1.1 交-直-交变频器结构框图

交-直-交变频器根据不同的电压调制方式又分为正弦波脉宽调制（PWM）和脉幅调制（PAM）变频器。

（2）直接变频器。直接变频器也称交-交变频器，它是用一个变换环节就可以把恒压恒频的工频交流电源变换为调压调频的电源。这种变频器内部的每一相电路都是一个由两组反并联的晶闸管整流装置组成的可逆线路。其装置结构如图 4.1.2 所示。

图 4.1.2　直接（交-交）变频器结构框图

另外，变频器按用途分为通用型变频器和专用型变频器（如电梯专用变频器）、高频变频器、单相变频器和三相变频器等。

虽然以上变频器的结构不同，但大多数都有类似的结构部分，主要区别在于控制电路、检测电路等不同。其中逆变器是变频器的主要部分之一，它的主要作用是在控制电路作用下将平滑电路输出的直流电源转换为频率和电压可调的交流电源，用于实现异步电动机的调速。

2. 变极调速

由电动机结构和原理可知，改变电动机的磁极对数可以改变电动机的转速。变极调速是通过改变异步电动机定子绕组的连接方式来改变电动机的极对数，从而实现调速。因为电动机的磁极对数总是成倍增长的，所以电动机的转速是阶梯性上升的，无法实现无级调速。因鼠笼式异步电动机转子的磁极对数能自动随定子绕组的极对数变化而变化，因而一般鼠笼式异步电动机采用这种方法调速。

1）改变磁极对数

由转速公式 $n = 60f/p$ 可知，如果磁极对数 p 减小一半，则旋转磁场的转速 n_0 便提高一倍，转子转速 n 差不多也提高一倍，因此改变 p 可以得到不同的转速。如何改变磁极对数同定子绕组的接法有关。

如图 4.1.2 所示是改变磁极对数 p 的定子绕组接法。把电源 U 相绕组分成两半，分别是线圈 U11 与 U21 和 U12 与 U22。其中图 4.1.3（a）中是两个线圈串联，则 $p=2$；图 4.1.3（b）是两个线圈反并联（头尾相连），则 $p=1$。注意，在换极时，一个线圈中的电流方向不变，而另一个线圈中的电流改变方向，即绕组改变极数后，其相序方向和原来相序相反，所以，在变极时，必须把电动机的任意两个出线端对调，以保证电动机在高速和低速时的转向相同。

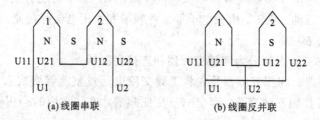

(a)线圈串联　　　　　　　　　　(b)线圈反并联

图 4.1.3　改变磁极对数 p 的定子绕组接法

改变电动机的磁极对数可用两种方法实现。一种是通过改变电动机的定子绕组接法来实现变极调速，通常速度变比为 2:1。另一种是通过在定子上安装两个独立的定子绕组来实现调速，两个定子绕组各自具有不同的极对数。

如图 4.1.4 所示为一个 4/2 极双速电动机的定子绕组接法及对应的单相磁场分布示意图。电动机每相有两个线圈，如果把两两线圈并联起来，接成双 Y 形（如图 4.1.4（a）所示），则合成磁场为一对磁极。如果将两两线圈串联起来，接成△形（如图 4.1.4（b）所示），则合成磁场为两对磁极。这两种接法的电动机同步转速相差一倍。

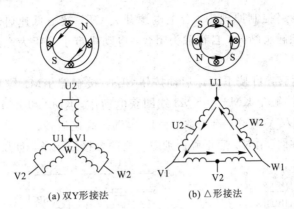

(a) 双Y形接法　　　　　(b) △形接法

图 4.1.4 4/2 极双速电动机的定子绕组接法及对应的单相磁场分布示意图

2）常用接线方式

常用接线方式有以下两种：

(1) 绕组从单星形(Y)改接成双星形(YY，也称为双 Y 形)，绕组由串改并，磁极对数少一半，以达到调速目的。这种接法可使电动机在变极调速后其额定转矩基本上保持不变，因此适合拖动恒转矩性质的负载，例如起重机和皮带传输机等。绕组从单星形改接成双星形示意图如图 4.1.5 所示。

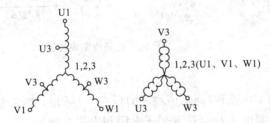

图 4.1.5 单星形改接成双星形示意图

(2) 绕组从三角形(△形)改成双星形(双 Y 形)，使磁极对数减小一半，从而达到调速目的。这种变极调速后，电动机的额定功率基本上不变，但是额定转矩几乎要减小一半，所以这种接法适合用于拖动恒功率性质的负载，如各种金属切削机床。绕组从三角形改成双星形示意图如图 4.1.6 所示。

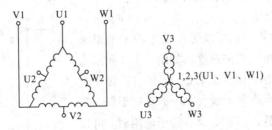

图 4.1.6 三角形改成双星形示意图

变极调速方式转速的平滑性差，但它经济、简单，且机械特性硬，稳定性好，所以许多不需要无级调速的生产机械常采用这种方法进行调速，如金属切削机床、起重设备、风机等。

3）控制线路

变极调速控制线路原理如图 4.1.7 所示。

变极调速控制线路控制原理为：合上电源开关 QF，按下低速启动按钮 SB2，接触器 KM1 线圈获电，联锁触头断开，自锁触头闭合，电动机定子绕组为△连接，极对数 $p=2$，电动机低速运转。

如需换为高速运转，可按下高速启动按钮 SB3，接触器 KM1 线圈断电，其主触头断开，联锁触头闭合，接触器 KM2 和 KM3 线圈获电动作，KM2 和 KM3 的主触头闭合，使电动机定子绕组接成双 Y 并联，极对数 $p=1$，电动机高速运转。

注意事项：在实际应用时，应正确识别电动机的各接线端子，且高速时注意换相。

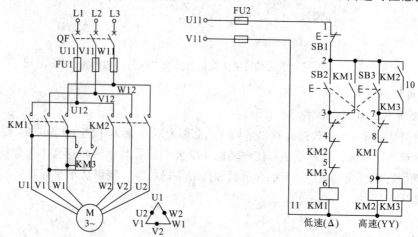

图 4.1.7　变极调速控制线路原理图

3. 变转差率调速

根据电动机结构和工作原理（详见模块三的任务一）可知，改变电动机转差率以达到调速目的的方法有改变电源电压 U_1、改变转子电阻和串级调速等方法。

1）改变电源电压 U_1 调速

在改变电动机定子绕组的外加电源电压 U_1 时，由于转矩 $T_m \propto U_1^2$，所以最大转矩随外加电源电压 U_1 而改变，当负载转矩 T_2 不变，电压由 U_1 下降至 U_1' 时，转速将由 n 降为 n'（转差率 s 上升至 s'）。所以通过改变电源电压 U_1 可实现调速。这种调速方法范围受转子电阻所限，存在有时为了满足调节范围会增大损耗的缺点。

2）改变转子电阻调速

在绕线式异步电动机中，可以通过改变转子电阻来改变转差率，从而改变电动机的速度。如图 4.1.8 所示为改变转子电阻调速关系图，设负载转矩 T_L 不变，转子电阻 R_2 增大，电动机的转差率 s 增大，转子转速下降，工作点下移，机械特性变软。当平滑调节转子电阻时，可以实现无级调速，但调速范围较小，且要消耗电能，常用于小型电动机起重设备的调速。

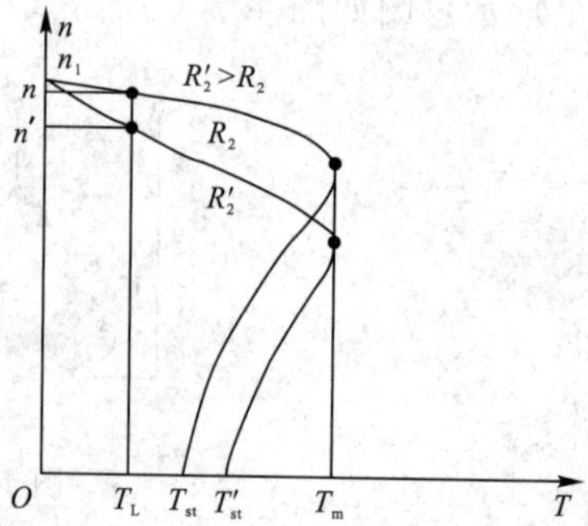

图 4.1.8　改变转子电阻调速关系图

3）串级调速

串级调速适用于绕线式电动机，属于改变转差率 s 调速。具体措施是在异步电动机的转子回路中串入一个附加电动势，其频率与转子相电动势的频率相同，改变附加电动势的大小和相位，即可调节电动机的转速。若引入附加电源后电动机的转速变低，则称为低同步串级调速；若电动机转速变高，则称为超同步串级调速。

近年来，随着晶闸管技术的发展，串级调速越来越广泛得到应用和推广，例如水泵和风机的节能调速，以及不可逆轧钢和压缩机等生产机械。

二、双速电动机调速控制线路

双速电动机主要用于驱动一些不需要平滑调速的生产机械上，在机床上用得较多，像某些镗床、磨床、铣床都会用到。双速交流异步电动机调速控制线路可分为双速交流异步电动机手动调速控制线路和双速交流异步电动机自动控制调速控制线路。

1. 双速交流异步电动机手动调速控制线路

双速电动机手动调速控制线路原理图如图 4.1.9 所示。接触器 KM1、KM2、KM3 用于控制电动机低速运转和高速运转换接。

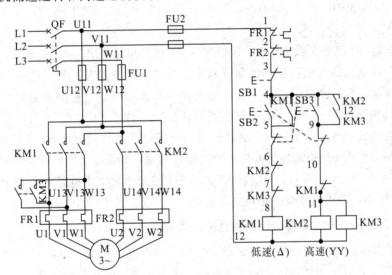

图 4.1.9　双速交流异步电动机手动调速线路原理图

1）识读线路图

双速交流异步电动机手动调速控制线路原理图由主电路和控制电路两部分构成。其原理图的左半边为主电路，右半边为控制电路。主电路包括三相工作电源 L1、L2、L3，隔离开关 QF，熔断器 FU1，接触器 KM1、KM2、KM3 主触点，热继电器 FR1、FR2 热元件和电动机 M，流过电流较大。控制电路包括熔断器 FU2，按钮 SB1、SB2、SB3，接触器 KM1、KM2、KM3 的常开辅助触点，热继电器常闭辅助触点 FR1、接触器 KM1、KM2、KM3 线圈，流过电流较小。

从主电路可以看出，KM1 和 KM2、KM1 和 KM3 的主触头是不允许同时闭合，否则会发生相间短路。

在图 4.1.9 中，KM1 为低速控制接触器，KM2、KM3 为高速控制接触器，SB2 为低速启动按钮，SB3 为高速按钮。低速控制接触器 KM1 主触头使三相电源(L1、L2、L3)和电动机绕组(U1、V1、W1)按相序分别相连接，即 L1 - U1、L2 - V1、L3 - W1 相接；高速控制接触器 KM2 主触头使三相电源(L1、L2、L3)和电动机绕组(U2、V2、W2)按相序分别相连接，即 L1 - W2、L2 - V2、L3 - U2 相接；接触器 KM3 的三对主触头短接。

元件作用：空气开关 QF 主要作为电源隔离使用，熔断器 FU1、FU2 用于短路保护，接触器 KM1、KM2 起自动控制作用，热继电器 FR1、FR2 用于过载保护，电动机 M 作为动力拖动使用，按钮 SB1、SB2、SB3 为主令电器，用于手动发出控制信号(启停按钮)。

2) 工作原理

双速交流异步电动机手动调速控制线路工作过程如下：

(1) 启动时，先合上电源开关 QF。低速运行时，需按下低速启动按钮 SB2，接触器 KM1 线圈得电、其衔铁吸合，KM1 主触点闭合，电动机 M 接通三相电源低速运行；同时，与 SB2 并联的 KM1 自锁触点也闭合，使接触器 KM1 线圈持续供电，从而保证电动机连续低速运转。高速运行时，需按下高速启动按钮 SB3，接触器 KM1 线圈失电，KM2、KM3 衔铁吸合，其主触点闭合，此时电动机 M 定子绕组由△接法变为 YY 接法，以高速模式运行；同时，与 SB3 并联的 KM2 自锁触点也闭合，使接触器 KM2、KM3 线圈持续供电，从而保证电动机连续高速运转。

(2) 停车时，按下停车按钮 SB1，接触器 KM1 或 KM2、KM3 线圈失电，其衔铁释放复位，带动其主触点和自锁触点复位为断开状态，电动机断电停转。当手松开停车按钮 SB1 后，SB3 在其内部复位弹簧的作用下又恢复为闭合状态，但此时控制电路已经断开，只有再次按下启动按钮 SB2 或 SB3，电动机才能重新启动运转。

(3) 在电动机运行过程中，当电动机出现长时间过载而使热继电器 FR1 动作时，其常闭辅助触点断开，KM 线圈断电，电动机断电停止转动，实现电动机的过载保护。同样，若主电路或控制电路出现短路时，熔断器 FU1、FU2 熔芯熔断，主电路和控制电路断电，电动机 M 断电停转，实现控制线路的短路保护。

2. 双速交流异步电动机自动控制调速控制线路

双速交流异步电动机自动控制调速控制线路原理图如图 4.1.10 所示。时间继电器 KT 和接触器 KM1、KM2、KM3 用于控制电动机低速运转和高速运转的换接。

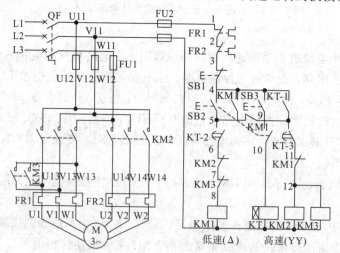

图 4.1.10　双速交流异步电动机自动控制的调速线路

1) 识读线路图

双速交流异步电动机自动控制调速控制线路原理图由主电路和控制电路两部分构成,其原理图的左半边为主电路,右半边为控制电路。主电路包括三相工作电源 L1、L2、L3,隔离开关 QF,熔断器 FU1,接触器 KM1、KM2、KM3 主触点,热继电器 FR1、FR2 热元件和电动机 M,流过电流较大。控制电路包括熔断器 FU2,按钮 SB1、SB2、SB3,接触器 KM1、KM2、KM3 的常开辅助触点,时间继电器 KT,热继电器常闭辅助触点 FR1,接触器 KM1、KM2、KM3 线圈,流过电流较小。

从主电路可以看出,KM1 和 KM2、KM1 和 KM3 的主触头是不允许同时闭合,否则会发生相间短路。

在图 4.1.10 中,KM1 为低速控制接触器,KM2、KM3 为高速控制接触器,SB2 为低速启动按钮,SB3 为高速按钮。低速控制接触器 KM1 主触头使三相电源(L1、L2、L3)和电动机绕组(U1、V1、W1)按相序分别相连,即 L1 - U1、L2 - V1、L3 - W1 相连接;高速控制接触器 KM2 主触头使三相电源(L1、L2、L3)和电动机绕组(U2、V2、W2)按相序分别相连接,即 L1 - W2、L2 - V2、L3 - U2 与电源相接;接触器 KM3 的三对主触头短接。

元件作用:空气开关 QF 主要作为电源隔离使用,熔断器 FU1、FU2 用于短路保护,接触器 KM1、KM2 起自动控制作用,热继电器 FR1、FR2 用于过载保护,时间继电器 KT 用于电动机低速启动自动切换为高速运行的时间控制,电动机 M 作为动力拖动使用,按钮 SB1、SB2、SB3 为主令电器,用于手动发出控制信号(启停按钮)。

2) 工作原理

双速交流异步电动机自动控制调速控制线路工作过程如下:

(1)启动时,先合上电源开关 QF。△低速运行时,需按下低速启动按钮 SB2,接触器 KM1 线圈得电,其衔铁吸合,KM1 主触点闭合,电动机 M 接通三相电源低速运行;同时,与 SB2 并联的 KM1 自锁触点也闭合,使接触器 KM1 线圈持续供电,从而保证电动机连续低速运转,另外 KM1 互锁触点确保 KM2、KM3 线圈不得电,即高速线路不工作。双 Y 高速运行时,需按下高速启动按钮 SB3,时间继电器 KT 线圈得电、KT - 1 自锁触点闭合,计时开始,KT 计时时间到时,KM1 线圈先失电,KM1 互锁触点复位闭合,KM2、KM3 线圈得电,主触点闭合,电动机 M 定子绕组由△接法变为 YY 接法,电动机以高速模式运行。

(2)停车时,按下停车按钮 SB1,接触器 KM1 或 KM2、KM3 线圈失电,其衔铁释放复位,带动其主触点和自锁触点复位断开状态,电动机断电停转。当手松开停车按钮 SB1 后,SB1 在其内部复位弹簧的作用下又恢复为闭合状态,但此时控制电路已经断开,只有再次按下启动按钮 SB2 或 SB3,电动机才能重新启动运转。

任务实施

双速交流异步电动机调速控制线路的安装任务包括电气原理图的分析、电气系统图的绘制、电气元件选择与检测、电气控制线路的安装和文件存档。

一、电气原理图的识读

双速交流异步电动机调速控制线路原理如图 4.1.11 所示。

首先,分析本任务所用的电源。本任务所用电源是三相 380 V、50 Hz 的交流电源,主电路中有 1 台双速交流异步电动机 M，运行方式为△- YY 双速切换运行。

其次，观察主电路中所用的电器。本任务线路任务所选用的电器为起隔离开关作用的断路器 QF，起自动控制作用的接触器 KM1、KM2、KM3，起短路保护作用的熔断器 FU1、起过载保护作用的热继电器 FR1、FR2。

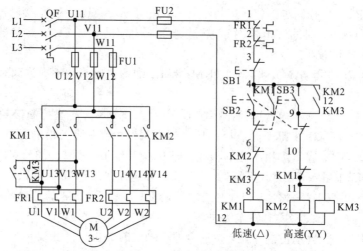

图 4.1.11　双速交流异步电动机调速控制线路原理图

最后，分析控制电路所用设备。所用电源为两相交流电源，即工作电压是 380V。所用器件有指令开关自复位按钮 SB1、SB2、SB3，接触器 KM1、KM2、KM3 触点和线圈，热继电器触点 FR1、FR2，短路保护熔断器 FU2。

二、电气元件检测

电气元件检测包括电气元件选择、外观检查和仪表检测。

1. 电气元件选择

按照本任务提供的双速交流异步电动机调速线路原理图（见图 4.1.11），填写实训材料配置清单于表 4.1.2 中，并按照材料清单领取所需元件，要求备件齐全。

表 4.1.2　双速交流异步电动机调速控制线路实训材料配置清单

元件名称	型　号	规　格	数　量	正常与否

2. 外观检查

外观检查包括以下两方面：

（1）铭牌检查。根据本线路技术参数要求，对所领用电气元件的铭牌参数进行逐一核对，核对其额定电压、电流以及电流整定值等参数是否符合要求。

（2）电气元件外观检查。检查所领用电气元件是否有损坏（譬如磕碰和裂痕），以及紧固件螺丝钉是否齐全，可动部分是否灵活等，要求外观完好无损。

3. 仪表检测

本任务的控制线路所需的各个电气元件外观检测完成后，还需要进行仪表检测，即用万用表电阻挡检测触点通断情况是否良好，检查各电气元件绝缘情况是否良好，检查电动机绕组是否良好。电气元件检测完毕，将检测结果填入表 4.1.3 中。

表 4.1.3　电气元件检测表

序　号	文字符号	设备名称	是否完好	备　注
1	QF			
2	FU			
3	KM1～KM3			
4	FR1～FR2			
5	SB1～SB3			
6	M			
7	XT			

注：电气元件检测方法详见模块二。

三、电气控制系统图的绘制

电气元件布置图和电气安装接线图是控制线路安装的主要依据。

1. 绘制电气元件布置图

根据电气元件布置图的绘制原则（详见模块一），绘制出双速交流异步电动机调速控制线路的电气元件布置图，如图 4.1.12 所示。

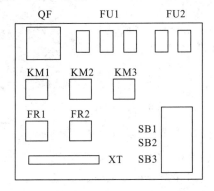

图 4.1.12　双速电机控制线路的电气元件布置图

注意：通常将电气元件布置图与电气安装接线图组合在一起，既起到电气安装接线图的作用，又能清晰地表示出电气元件的布置情况。

2. 绘制电气安装接线图

根据电气安装接线图的绘制原则和方法（详见模块一），绘制出双速交流异步电动机调速控制电路的电气安装接线图。

四、电气控制线路的安装

双速交流异步电动机调速控制线路的安装主要包括电气元件安装和布线。

1. 电气元件安装

按照本任务绘制好的电气元件布置图（见图 4.1.12），即可在给定的安装板上进行断路器、熔断器、接触器、热继电器、启停开关和接线端子等布置与安装，具体安装步骤如下。

1）选择安装方式

本任务线路选择导轨安装方式，该方式便于电气元件安装和更换。安装步骤为：导轨裁剪为合适的长度，通过螺钉固定到安装板上。安装要求为：螺钉的间距不能太大，固定好的导轨要横平竖直，导轨的安装位置应满足线路线要求。

2）电气元件安装

首先按照电气元件布置图，在安装板上规划好各电气元件的安装位置；然后安装导轨于安装板合适位置；最后按照安装规则，将本任务所需的所有电气元件安装于导轨上。

本任务线路电气元件安装实物如图 4.1.13 所示。

注意：进行导轨安装和元件安装时，要为布线留有合适空间，包括线槽所占空间。

2. 布线

按照布线工艺和流程（详情请参照模块一）进行布线。本任务的具体布线步骤如下。

1）导线选型

结合本任务线路的配线方法和实际线路情况，导线类型选择软导线（BVR），导线截面积大小为 $1\ mm^2$。

2）配线方法

结合本任务线路的实际情况，选择目前使用较为广泛的一种配线形式即板前线槽配线法进行

图 4.1.13　双速交流异步电动机调速控制
线路电气元件安装实物图

配线。该方法具有安装施工迅速、简便，而且外观整齐美观，检查维修及改装方便，能让学生在有限的学时内学到更多知识和得到更多锻炼。

3）接线

电气元件和线槽固定完毕后，严格按照接线规则和步骤进行控制线路的接线工作。按照以上布线要求，本任务安装接线实物图如图 4.1.14 所示。

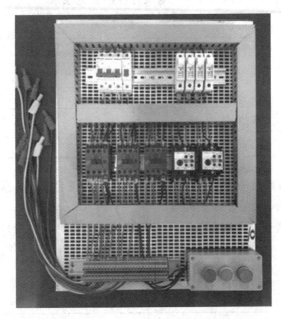

图 4.1.14　双速交流异步电动机调速控制线路安装接线实物图

接线注意事项：

（1）导线连接必须牢固，不得松动。

（2）每根连接导线中间不得有接头。

（3）按钮盒内接线时，切记启动按钮接动合触点（常开触点）。

（4）接触器的自锁触点接线切记并接在启动按钮两端。

（5）热继电器的动断触点（常闭触点）接线切记串接在控制电路中。

五、电动机控制线路的调试

双速交流异步电动机调速控制线路安装完毕，必须经过认真检查后才能通电试车，通电试车成功后此线路才算是合格的。本线路调试过程主要包括不通电检测和通电试车检测两个阶段。

1. 不通电检测

进行安装线路板不通电检测前一定要切断安装线路板的供电电源，检测主要包括外观检测和仪表检测。

1）外观检测

外观检测主要是指依据电气控制线路原理图或电气安装接线图对安装线路板进行外观检测。

（1）电气元件检查。根据电气控制线路调试方法和步骤（详见模块一任务三），查看电气元件的安装位置和方向是否正确、安装是否牢固，电气元件的操作机构是否灵活，复位机构是否处于复位状态,开关、按钮等是否处于原始位置,复位机构是否处于复位状态,保护元件整定值是否符合线路要求。按上述检查项检查完毕后,将电气元件检查结果记录于表 4.1.4 中。

表 4.1.4 电气元件检查记录表

检查内容		是否合格	备 注
电气元件安装	位置		
	方向		
	牢固		
复位情况			
整定值			

(2)线路检查。线路检查主要是检查配线选择是否符合要求,接线压接是否牢固、是否符合接线工艺,接线、线号是否正确等。

检查步骤为:对照电气原理图与电气安装接线图,先主电路后控制电路,从上到下从左到右逐线检查核对。按照上述检查项和检查步骤检查完毕后,将线路检查结果记录于表 4.1.5 中。

表 4.1.5 线路检查记录表

检查对象	检查内容	是否合格	备 注
主电路	导线类型		
	接线是否牢固		
	压线是否合格		
	线号是否正确		
	接线是否齐全		
	接线工艺		
控制电路	导线类型		
	接线是否牢固		
	压线是否合格		
	线号是否正确		
	接线是否齐全		
	接线工艺		

2)仪表检测

仪表检测主要包括主电路通断检测和控制电路通断检测。

(1)主电路通断检测主电路通断检测内容和步骤如下:

① 万用表挡位选择 200 Ω 欧姆挡。

② 在接线端子排 XT 上选定测量点。

③ 进行 L1 - U1、L2 - V1 和 L3 - W1(L1 - W2、L2 - V2、L3 - U2、U1 - V1 - W1)各段的"断"测试。若万用表显示∞，则正常，否则线路存在故障。

④ 进行 L1 - U1、L2 - V1 和 L3 - W1(L1 - W2、L2 - V2、L3 - U2、U1 - V1 - W1)各段的"通"测试。若万用表显示趋近于 0Ω，则正常，否则线路存在故障。

⑤ 进行 L1 - L2、L2 - L3 和 L1 - L3 的"绝缘"测试。若万用表显示∞，则线路正常，否则线路存在故障。

双速电动机控制线路主电路调试视频可用手机扫描二维码进行观看。

注意：可用手压下接触器衔铁架来代替接触器得电吸合。

双速电机控制
线路主电路调试

检查主电路通断情况时，分别在接线端子排 XT 上选定测量段 L1 - U1、L2 - V1、L3 - W1(L1 - W2、L2 - V2、L3 - U2、U1 - V1 - W1)，调整万用表挡位旋钮至 200 Ω 挡。若不对电气元件做任何操作，则选定的 3 个测量段的测量值应为无穷大，即万用表应显示溢出标志 OL(断开状态)；若逐一合闸空气开关 QF，手动压下接触器 KM1(KM2、KM3)触点架，则各测量段的电阻测量值应该是趋近于 0Ω(接通状态)。检测完毕后将检查结果记录于表 4.1.6 中。

表 4.1.6 主电路通断检测记录表

测试状态(闭合 QF)	测量段	电阻值	正常与否	备　注
"断 1"测试(无动作)	L1 - U1			
	L2 - V1			
	L3 - W1			
"断 2"测试(无动作)	L1 - W2			
	L2 - V2			
	L3 - U2			
"断 3"测试(无动作)	U1 - V1 - W1			
"通 1"测试(按住 KM1 触点架不动)	L1 - U1			
	L2 - V1			
	L3 - W1			
"通 2"测试(逐次按住 KM2 触点架不动)	L1 - W2			
	L2 - V2			
	L3 - U2			
"通 3"测试(按住 KM3 触点架不动)	U1 - V1 - W1			
"绝缘"测试	L1 - L2			
	L1 - L3			
	L2 - L3			

（2）控制电路通断检测。控制电路通断检测内容和步骤如下：

① 万用表挡位选择 2 kΩ 欧姆挡。

② 选定测量点，进行短路故障检测。在本任务线路安装板的接线端子排 XT 上选测量点 U11 和 V11，用万用表表笔测量 U11－V11 的电阻，即控制电路的两个进线端子之间的电阻。此时万用表读数应为"∞"，否则控制线路存在短路故障，一般为 SB1（SB2）或 KM1（KM2、KM3）自锁触点的接线故障。

③ 低速启动按钮 SB2、KM1 自锁触点功能检测。若按住低速启动按钮 SB2 不动，万用表读数应为接触器 KM1 线圈的阻值，约 0.7 kΩ（阻值和选用的接触器型号有关），否则控制线路存在故障；若压住接触器 KM1 衔铁架不动，万用表读数也应约为 0.7 kΩ，否则线路有故障，一般是接线错误。

④ 高速启动按钮 SB3、KM2、KM3 自锁触点功能检测。若按住高速启动按钮 SB3 不动，万用表读数应为接触器 KM2、KM3 线圈的并联阻值，约 0.35 kΩ（阻值和选用的接触器型号有关），否则控制线路存在故障；若压住接触器 KM2、KM3 衔铁架不动，万用表读数也应约为 0.35 kΩ，否则线路有故障，一般是接线错误。

⑤ 停车按钮 SB1 功能检测。按下启动按钮 SB2（或 SB3）不动，万用表读数应为 0.7 kΩ（或 0.35 kΩ），然后再同时按住停车按钮 SB1，万用表读数应由 0.7 kΩ 跳变为∞，否则为 SB3 故障。

检测完毕，将检查结果记录于列表 4.1.7 中。

表 4.1.7　控制电路通断检测记录表

测 试 步 骤	测量点	电阻值	正常与否	备 注
"断路"测试	U11－V11			
"SB2 功能"测试（闭合 SB2）	U11－V11			
"KM1 自锁触点"测试（闭合 KM1）	U11－V11			
"SB1 功能"测试（先按住 SB2 不动，再按 SB1）	U11－V11			
"SB3 功能"测试（闭合 SB3）	U11－V11			
"KM2、KM3 自锁触点"测试（闭合 KM1、KM3）	U11－V11			
"SB1 功能"测试（先按住 SB3 不动，再按住 SB1）	U11－V11			

注意：安装线路板不通电检测前一定要切断其供电电源。

2. 通电试车检测

若本任务控制线路的不带电检测结果正常，则可进入通电试车检测阶段。通电试车检测包括空载试车检测和带载试车检测。先进行空载试车检测，观察电气元件动作情况；后进行带载试车检测，观察电动机运行情况。

双速电机控制线
路控制电路调试

1）空载试车检测（不接电动机）

实际操作步骤如下：

（1）暂不接电动机，接通控制电路电源。

（2）按下低速启动按钮 SB2，观察接触器 KM1 触点架是否能一直吸合，若吸合则线路正常，否则线路有故障。

（3）先按下 SB2，接触器 KM1 触点架吸合，然后再按下停车按钮 SB1，观察 KM1 触点架是否释放，若是则线路正常，否则线路有故障。

（4）按下高速启动按钮 SB3，观察接触器 KM2、KM3 触点架是否能一直吸合，若吸合则线路正常，否则线路有故障；

（5）先按下 SB3，接触器 KM2、KM3 触点架吸合，然后再按下停车按钮 SB1，观察 KM1 触点架是否释放，若是则线路正常，否则线路有故障。

双速电机控制
线路空载试车

若上述任一步骤有故障，应立即停车并切断电源开关（最好物理断电），检查故障原因，找出故障。切记，未查明原因不得强行送电。

注意：空载试车完毕，应及时切断电路供电电源，恢复所有操作手柄于原位（断电状态）。

2）带载试车检测（接电动机）

若空载试车检测正常，则进入带载试车测试阶段。

实际操作步骤如下：

（1）将电动机正确接入线路安装板，接通供电电源。

（2）按下低速启动按钮 SB2，观察电动机的转动、转向及声音是否正常，若正向转动正常且声音正常，则线路工作正常，否则线路有故障。

（3）按下高速启动按钮 SB3，观察电动机的转动、转向及声音是否正常，若正向转动正常且声音正常则线路工作正常，否则线路有故障。

（4）在电机运行状态下，再按下停车按钮 SB1，观察电动机能否正常停止转动。

若上述任一步骤发现异常，应立即停车并切断电源，进行检修，直至线路恢复正常。切记，未查明原因不得强行送电。

注意：试车完毕，应及时切断电路供电电源，恢复所有操作手柄于原位（断电状态）。

双速电机控制
线路带载试车

3）试车注意事项

（1）通电试车检测必须在指导老师的监护下进行。

（2）调试前必须熟悉线路结构、功能和操作规程。

（3）通电时，先接通总电源，后接通分电源；断电时，顺序相反。

（4）接入电动机前，确保线路处于断电状态。

（5）电动机和线路安装板必须安放平稳，其金属外壳必须可靠接地。

（6）通电后，注意观察运行情况，做好随时停车准备，防止意外事故发生。

六、常见故障与排查

本线路的常见故障为：主电路电源换相问题（高速运行），控制电路短路，启动按钮 SB2、SB3 不起作用，接触器 KM 互锁触点不起作用，电动机运行声音异常等。

建议采用不通电电阻检测的故障排查法进行故障排查，此方法较安全，便于学生使用。不通电电阻测量法包括下面两种方法。

1. 分阶电阻测量法

本任务控制线路常见故障可采用分阶电阻测量法排查，如图 4.1.15 所示。先断开电源，按下低速启动按钮 SB2 不放，用万用表 2 kΩ 电阻挡测量 1-13 之间电阻。若电阻值无穷大，说明线路断路。然后，万用表一表笔接触于 13 点不动，另一表笔分别测量 13-8、13-7、13-6、13-5、13-4、13-3、13-2 各段的电阻值。若某段时的电阻突然增大（13-8 除外），说明此段的连线断路或接触不良，进一步排查此处触点连线即可查出故障点。同上述过程，测量另一条支路间的电阻值，和原理图进行核对，若不符合推导结果，则说明此点与前一点之间的连线存在接线故障，进一步排查此处触点连线即可查出故障点。

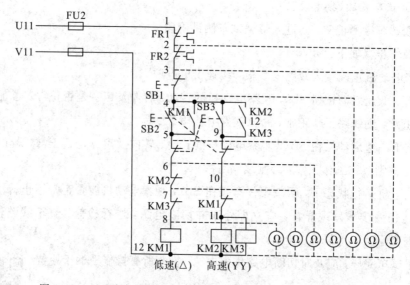

图 4.1.15 双速交流异步电动机调速控制线路故障分阶电阻测量法

2. 分段电阻测量法

分段电阻测量法也可用于本任务控制线路的故障排查，如图 4.1.16 所示。首先断开电源，按下启动按钮 SB2 不放，用万用表 2 kΩ 电阻挡，测量 1-12 之间电阻，若电阻值无穷大，说明线路断路；然后用万用表表笔分别测量 12-8、8-7、7-6、6-5、5-4、4-3、3-2、2-1 各段的电阻值，若某段电阻值很大，说明这段电路的连线断路或接触不良，进一步排查此段触点连线即可查出故障点。

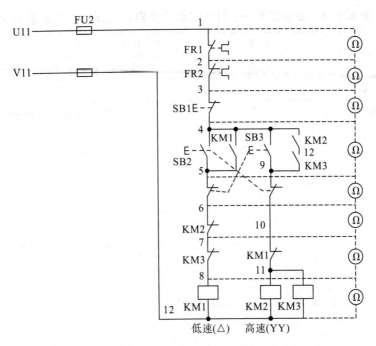

图 4.1.16 双速交流异步电动机调速控制线路故障分段电阻测量法

在双速交流异步电动机调速控制线路中,若遇见常见故障可用上述不通电电阻测量法进行故障排查。故障排查完毕,如需上电检测,应经指导老师同意并在其监护下进行。故障排除完毕,将故障排查情况如实记录于表 4.1.8 中。

表 4.1.8 双速交流异步电动机调速控制线路故障点记录表

故障回路	故障描述	故障点	排除与否
主电路			
控制电路			

注意:故障排查前,一定要切断线路安装板的供电电源,做到物理断电即断开电源线。

七、文件存档

本任务控制线路制作、调试完毕,将所用的电气原理图、电气安装接线图、器件材料配置清单、调试与故障排查等记录材料按顺序整理于任务工单中进行保存。其任务工单分别见表 4.1.9 和表 4.1.10。

表 4.1.9　任务工单一：双速交流异步电动机调速控制线路安装

院系		班级		姓名		学号	
日期		地点		教师		课时	
课程名称							
实训任务		双速交流异步电动机调速控制线路安装					

实训目的	
工具设备	
任务分工 及计划	
绘制电气元件 布置图和电气 安装接线图	

电气元件 检测	操作项目	操作步骤		结果
	实物认知	铭牌/型号：		
		外观检查：		
	仪表检测	触点通断：		
		相间绝缘：		

电气元件检测 及安装步骤	
任务重点 和要点	
存在问题 和解决方法	

表 4.1.10　任务工单二：双速交流异步电动机调速控制线路调试

院系		班级		姓名		学号	
日期		地点		教师		课时	
课程名称							
实训任务		双速交流异步电动机调速控制线路调试					
操作要求							
任务分工及计划							
操作内容		具体内容		操　作　要　求			
		不通电检测					
		通电试车检测					
		故障检修					
调试与故障排查结果汇总							
任务重点和要点							
存在问题和解决方法							

任务评价

双速交流异步电动机调速控制线路的安装与调试任务评价分别见表 4.1.11 和表 4.1.12。

表 4.1.11　任务评价表一：双速交流异步电动机调速控制线路安装

组名/组员				班级	
任务名称		双速交流异步电动机调速控制线路安装		得分	
序号	内　容	考核要求	评分细则	配分	赋分
1	实物认知	认识名称、型号及参数意义	1. 识别 5 分 2. 型号和参数 5 分	10	
2	电气元件检测	按正确步骤和要求进行器件检测，并做好记录	1. 外观检测 10 分 2. 触点通断检测 10 分 3. 相间绝缘检测 10 分	30	
3	电气元件安装			30	
任务得分（70 分）					
4	安全操作			20	
5	文明操作			10	
职业素养与操作规范得分（30 分）					
总得分（100 分）					

表 4.1.12　任务评价表二：双速交流异步电动机调速控制线路调试

组名/组员				班级	
任务名称		双速交流异步电动机调速控制线路调试		得分	
序号	主要内容	考核要求	评分细则	配分	赋分
1	不通电检测	能按正确步骤和要求进行检测并正确分析问题	1. 步骤和结果正确 20 分 2. 问题分析正确 10 分	30	
2	通电试车检测	按正确步骤和要求进行通电试车	1. 空载试车一次成功 10 分 2. 带载试车一次成功 10 分	20	
3	故障排查	按正确步骤和要求进行故障排查	1. 会分析故障 5 分 2. 排查故障 10 分 3. 排除故障 5 分	20	
任务得分（70 分）					
4	安全操作			20	
5	文明操作			10	
职业素养与操作规范得分（30 分）					
总得分（100 分）					

任务拓展

请在完成本任务电动机控制线路安装的基础上,自行完成接触器控制的双速电机控制线路的安装与调试工作。

任务二 三相异步电动机能耗制动控制线路的安装与调试

任务描述

本任务是根据电动机能耗制动控制线路原理图,制作其安装工艺计划,绘制其电气元件布置图和电气安装接线图,以及完成电气元件选用和检查,并按照安装工艺计划完成电动机能耗制动控制线路的安装;对安装完毕的电气控制线路进行不通电检测和通电试车检测,并根据检测时发现的问题进行故障分析,找出故障点并排除。

1. 任务目标

(1)熟悉电动机能耗制动控制线路的工作原理。

(2)能按控制系统原理图正确选取电气元件并对其检测。

(3)能实施电动机能耗制动控制线路的安装工艺流程制作。

(4)按控制线路安装工艺流程进行线路安装、调试和故障排查。

2. 任务步骤

(1)分析电气原理图,按图配备电气元件,并对其进行检测。

(2)绘制电动机能耗制动控制线路电气元件布置图和电气安装接线图。

(3)按工艺要求完成电动机能耗制动控制线路的接线安装。

(4)对电动机能耗制动控制安装线路进行不通电检测。

(5)对电动机能耗制动控制安装线路进行通电试车检测。

(6)按(4)、(5)步骤的检测结果进行故障排查。

3. 实训工具、仪表和器材

(1)实训工具:螺钉旋具(大十字、大一字、小一字)、剥线钳、尖嘴钳和镊子等。

(2)仪表:数字万用表一套。

(3)实训器材:三相异步电动机能耗制动控制线路安装所用实训器材如表 4.2.1 所示。

4.2.1　三相异步电动机能耗制动控制线路安装所用实训器材清单

文字符号	器件名称	型号规格	数量	备　注
QF	断路器	HDBE‑63/3P/1P	各1	—
FU	熔断器	RT14‑20 3P/1P	各1	—
KM	交流接触器	CJX2‑0911	1	—
FR	热继电器	NR4‑63	1	—
SB	启停按钮	LAY7‑11BN	红绿钮各1	—
XT	接线端子	TB2515	1	—
M	电动机	三相鼠笼式电动机	1	≤5.5 kW；380 V Y/△
—	网孔板	孔距 10 mm×5 mm	1	—
BVR	导线	1 mm	若干	JS14P‑99S
—	线鼻子(针)	1 mm	若干	—
—	线槽	—	若干	—

4. 安全操作

(1) 遵守实训室规章制度和安全操作规范。

(2) 初学者尽量采用"通电看现象，断电查故障"的排除故障方法。

(3) 上电试车或检测，需经老师允许，若有异常则应立即停车。

(4) 工作结束，关闭电源和万用表。

知识储备

一、三相异步电动机的制动

三相异步电动机脱离电源之后，由于惯性，电动机要经过一定的时间后才会慢慢停下来，但有些生产机械要求能迅速而准确地停车，那么就要求对电动机进行制动控制。电动机的制动方法可以分为机械制动和电气制动两大类。机械制动一般利用电磁抱闸的方法来实现；电气制动一般有能耗制动、反接制动和发电反馈制动三种方法。

1. 机械制动

机械制动是指利用机械装置使电动机断开电源后迅速停转的方法。机械制动主要采用电磁抱闸及电磁离合器制动，两者都是利用电磁线圈通电后产生磁场，使静铁芯产生足够大的吸力以吸合衔铁或动铁芯(电磁离合器的动铁芯被吸合，动、静摩擦片分开)，克服弹簧的拉力而满足工作现场迅速停止电动机的要求。

1) 电磁抱闸制动器结构

电磁抱闸制动器结构示意图如图 4.2.1 所示。

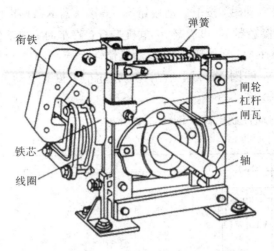

图 4.2.1　电磁抱闸制动器结构示意图

电磁抱闸制动器主要由制动电磁铁和闸瓦制动器两部分组成。制动电磁铁由铁芯、衔铁和线圈三部分组成。闸瓦制动器包括闸轮、闸瓦和弹簧等，其中闸轮与电动机装在同一根转轴上。

电磁抱闸是靠闸瓦的摩擦片制动闸轮；电磁离合器是利用动、静摩擦片之间足够大的摩擦力使电动机断电后立即制动的。

电磁抱闸的优点：制动力强，广泛应用在起重设备上；它安全可靠，不会因突然断电而发生事故。

电磁抱闸的缺点：体积较大，制动器磨损严重，快速制动时会产生振动。

2）机械制动控制电路

电磁抱闸制动控制包括通电型电磁抱闸制动和断电型电磁抱闸控制。通电型电磁抱闸制动控制电路如图 4.2.2 所示。

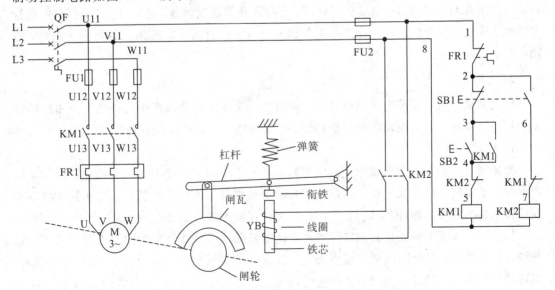

图 4.2.2　通电型电磁抱闸制动控制电路

工作原理：电动机启动时，按下启动按钮 SB1，接触器 KM1 得电吸合，常开触点吸合，同时常闭触点断开（与接触器 KM2 互锁），电机运行；停车时，按下停车按钮 SB2，接触器 KM1 失电（同时接触器 KM2 线路闭合），电动机惯性运行，KM2 常开触点闭合，常闭触点断开（与主控线路互锁），线圈 YB 得电后闸瓦与闸轮抱紧以对电动机制动；松开 SB2，接触器 KM2 失电断开。

断电型电磁抱闸制动控制电路如图 4.2.3 所示。

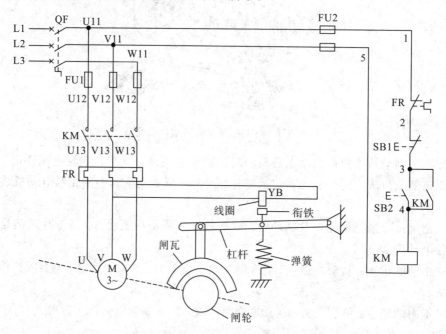

图 4.2.3　断电型电磁抱闸制动控制电路

工作原理：电动机接通电源，同时电磁抱闸线圈也得电，衔铁吸合，克服弹簧的拉力使制动器的闸瓦与闸轮分开，电动机正常运转；断开开关或接触器，电动机失电，同时电磁抱闸线圈也失电，衔铁在弹簧拉力作用下与铁芯分开，并使制动器的闸瓦紧紧抱住闸轮，电动机被制动而停转。

2. 电气制动

电气制动是指在切断电动机电源后，利用电气线路让电动机产生与旋转方向相反的制动力矩进行制动。电气制动主要有能耗制动、反接制动和发电反馈制动。

1）能耗制动

能耗制动是指在电动机切断交流电源后，给任意两相定子绕组通入直流电，让直流电产生与转子旋转方向相反的制动力矩来消耗转子的惯性，从而实现制动。能耗制动包括无变压器单相半波整流能耗制动和有变压器单相桥式整流能耗制动。

如图 4.2.4 所示为能耗制动接线图和原理示意图。当电动机电源的双投开关断开交流电源并向下投时，电动机接至直流电源上，直流电流流入定子绕组产生恒定不动的磁场，而转子导体因惯性转动切割磁力线产生感应电流，并产生制动转矩（其方向如图 4.2.4（b）所示）。制动转矩的大小与直流电流的大小有关，制动时需要的直流电流一般为电动机额定电流的 0.5~1 倍。

　　能耗制动的缺点是电路中所需的直流电源装置费用高、制动力较弱(特别是低速制动时),因而能耗制动一般用在要求制动平稳、准确的场合。

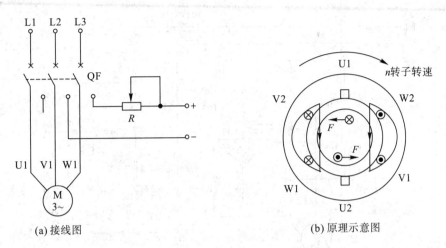

(a) 接线图　　　　　　　　　　　　　　(b) 原理示意图

图 4.2.4　电动机能耗制动接线图和原理示意图

　　在制动过程中,由于电动机的动能全部转化成电能消耗在转子电路中,会引起电动机发热,所以一般需要在制动电路中串联一个大电阻,以减小制动电流。

　　能耗制动方法的特点是制动平稳,冲击小,耗能小,但需要直流电源,且制动时间较长,一般多用于起重提升设备及机床等生产机械中。

　　(1) 无变压器单相半波整流能耗制动。如图 4.2.5 所示为无变压器单相半波整流能耗制动控制电路。该电路采用一个二极管构成半波整流电路,将交流电转换成直流电,适合 10kW 以下小容量电动机的制动控制。

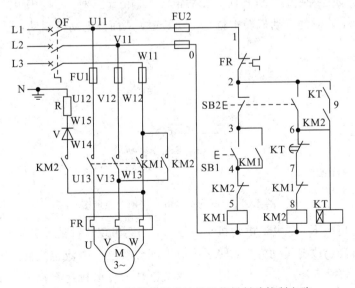

图 4.2.5　无变压器单相半波整流能耗制动控制电路

（2）变压器单相桥式整流能耗制动。如图 4.2.6 所示为变压器单相桥式整流能耗制动控制电路。该电路的控制电路部分与图 4.2.5 基本相同，不同之处在于制动直流电的获取方式不同。

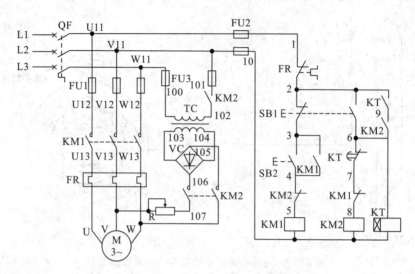

图 4.2.6　变压器单相桥式整流能耗制动控制电路

2）反接制动

反接制动是指制动时改变定子绕组任意两相的相序，使电动机的旋转磁场换向，此时的反向旋转磁场与转子的相对转速较高，约为启动时的两倍，反向磁场与原来惯性旋转的转子之间相互作用，产生一个与转子转向相反的大的电磁转矩，迫使电动机的转速迅速下降，当转速接近零时，切断电动机的电源。显然，反接制动比能耗制动所用的时间要短。

3）发电反馈制动

发电反馈制动是指在电动机转向不变的情况下，由于某种原因，使电动机的转速大于旋转磁场的转速，这时的电动机转矩就是制动转矩，从而使电动机制动，原理图如图 4.2.7所示。

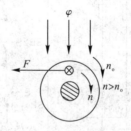

图 4.2.7　电动机发电反馈制动原理图

比如在起重机械下放重物、电动机车下坡时，都会出现这种情况。这时重物拖动转子，转子相对于旋转磁场改变运动方向，转子感应电动势及转子电流也反向，于是转子受到制动力矩，使重物匀速下降。实际上这时的电动机已转入发电机运行模式，即将重物的势能转换为电能回馈给电网，所以这种制动称为回馈发电制动，亦称为发电反馈制动。

二、电动机电气制动控制线路

电动机电气制动按控制方式不同，分为时间继电器控制的能耗制动和速度继电器控制的反接制动两种。电气制动适用于电动机容量较大和启动、制动频繁及要求平稳制动的场合。下面分别介绍这两种电气制动的控制原理。

1. 时间继电器控制的能耗制动

如图 4.2.8 所示为时间继电器控制的能耗制动电路原理图。

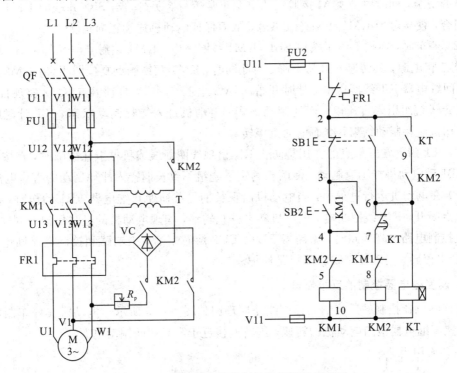

图 4.2.8 时间继电器控制的能耗制动原理图

1）识读线路图

时间继电器控制的能耗制动原理图由主电路和控制电路两部分构成。其原理图的左半边为主电路，右半边为控制电路。主电路包括三相工作电源 L1、L2、L3，隔离开关 QF，熔断器 FU1，接触器 KM1、KM2 主触点，热继电器 FR1 热元件，变压器 T，硅堆 VC，滑动电阻器 R_p 和电动机 M，流过电流较大。控制电路包括熔断器 FU2，启动按钮 SB2，停车按钮 SB1 及其联动触点 SB1-2，接触器自锁触点 KM1、KM2，接触器互锁触点 KM1、KM2，热继电器触点 FR1，触器线圈 KM1、KM2，时间继电器 KT，流过电流较小。

在图 4.2.8 中，KM1 为主控制接触器，KM2 为能耗制动控制接触器，SB2 为启动按钮，SB1 为停车按钮。主控制接触器 KM1 主触头使三相电源(L1、L2、L3)和电动机绕组(U1、V1、W1)按相序分别连接，即 L1-U1、L2-V1、L3-W1 相接；能耗制动控制接触器 KM2 主触头使电源接线端 U12、W12 与变压器 T 相接，同时使硅堆出线后再接电动机定子两相绕组 V1 和 W1。

208 电气控制技术

元件作用：空气开关 QF 主要作为电源隔离使用，熔断器 FU1、FU2 用于短路保护，接触器 KM1、KM2 起自动控制作用，热继电器 FR1 用于过载保护，电动机 M 作为动力拖动使用，按钮 SB1、SB2 为主令电器，用于手动发出控制信号（启停按钮）。

2）工作原理

时间继电器控制的能耗制动控制线路工作过程如下：

（1）启动时，合上电源开关 QF 后，按下启动按钮 SB2，接触器 KM1 线圈得电，KM1 主触点闭合，KM1 辅助常闭触点断开，即确保 KM2 线圈回路不同时得电，这就保证了控制线路的安全，同时电动机 M 接通三相电源正常运行。另外，与 SB2 并联的 KM1 自锁触点也闭合，使接触器 KM1 线圈持续供电，从而保证电动机连续正向运转。

（2）停车时，需按下停车按钮 SB1，KM1 线圈断电，KM1 主触点复位即断开，电动机 M 脱离三相电源，其转速 n 开始下降；与此同时，KM1 互锁触点复位即闭合，KM2 线圈得电，时间继电器 KT 线圈得电，计时开始，KM2 主触点闭合，自锁触点 KM2 实现自锁，电动机的定子绕组引入直流电，产生制动力矩，电动机进入能耗制动状态，KT 计时时间到时，电动机能耗制动结束，继而电动机停转。

注：KT 瞬动常开触点的作用是防止 KT 出现线圈断线或机械卡住故障时，在按下停车按钮 SB1 后电动机能迅速制动，使两相的定子绕组不致长期接入能耗制动的直流电流。

（3）在电动机运行过程中，当电动机出现长期过载而使热继电器 FR1 动作时，其常闭辅助触点断开，KM 线圈断电，电动机断电停止转动，实现电动机的过载保护。同样，若主电路或控制电路出现短路时，熔断器 FU1、FU2 熔芯熔断，主电路和控制电路断电，电动机 M 断电停转，实现控制线路的短路保护。

2. 速度继电器控制的反接制动

速度继电器控制的反接制动控制线路原理图如图 4.2.9 所示。电动机在停车制动过程中，由速度继电器检测电动机的转速，当转速接近于零时切断制动电源。

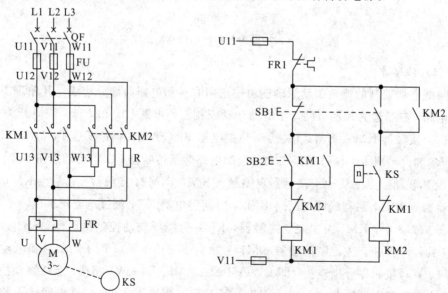

图 4.2.9　速度继电器控制的反接制动控制线路原理图

1）识读线路图

速度继电器控制的反接制动控制线路原理图由主电路和控制电路两部分构成。其原理图的左半边为主电路，右半边为控制电路。主电路包括三相工作电源 L1、L2、L3，隔离开关 QF，熔断器 FU1，接触器 KM1、KM2 主触点，热继电器 FR1 热元件，制动电阻器 R 和电动机 M，流过电流较大。控制电路包括熔断器 FU2，按钮 SB1、SB2，接触器自锁触点 KM1、KM2 以及互锁触点 KM1、KM2，热继电器常闭触点 FR1，接触器线圈 KM1、KM2 和速度继电器常开触点 KS，流过电流较小。

从主电路可以看出，KM1 和 KM2 的主触头是不允许同时闭合的，否则会发生相间短路。

在图 4.2.9 中，KM1 为主接触器，KM2 为能耗制动控制接触器，SB2 为启动按钮，SB1 为停车按钮。主接触器 KM1 主触头使三相电源（L1、L2、L3）和电动机绕组（U、V、W）按相序分别连接，即 L1-U、L2-V、L3-W 相接；能耗制动接触器 KM2 主触头使三相电源（L1、L2、L3）和电动机绕组（U、V、W）按反相序分别连接，即 L1-W、L2-V、L3-U 相接。

元件作用：空气开关 QF 主要作为电源隔离使用，熔断器 FU1、FU2 用于短路保护，接触器 KM1、KM2 起自动控制作用，速度继电器 KS 用于检测电机转速 n，热继电器 FR1 用于过载保护，电动机 M 作为动力拖动使用，按钮 SB1、SB2 为主令电器，用于手动发出控制信号（启停按钮）。

2）工作原理

速度继电器控制的反接制动控制线路工作过程如下：

（1）启动时，先合上电源开关 QF 后，按下启动按钮 SB2，接触器 KM1 线圈得电，其衔铁吸合，KM1 主触点闭合，电动机 M 接通三相电源正常运行；同时，与 SB2 并联的 KM1 自锁触点也闭合，使接触器 KM1 线圈持续供电，从而保证电动机连续运转；当电机转速 n ≥120r/m 时，速度继电器动合触点 KS 闭合，为反接制动做好准备。

（2）停车时，按下停车按钮 SB1，接触器 KM1 线圈失电，其衔铁释放复位，带动其主触点和自锁触点复位而处于断开状态，电动机脱离三相电源，转速 n 开始下降。与此同时，KM1 互锁触点复位即闭合，KM2 线圈得电，KM2 互锁触点实现互锁，KM2 主触点闭合，电动机主电路进行反接制动运行；当电机转速 n≤120 r/m 时，速度继电器动合触点 KS 复位即断开，KM2 线圈失电，电动机反接制动结束，进而电机停止转动。

（3）在电动机运行过程中，当电动机出现长时间过载而使热继电器 FR1 动作时，其常闭辅助触点断开，KM 线圈断电，电动机断电停止转动，实现电动机的过载保护。同样，若主电路或控制电路出现短路时，熔断器 FU1、FU2 熔芯熔断，主电路和控制电路断电，电动机 M 断电停转，实现控制线路的短路保护。

任务实施

电动机能耗制动控制线路的安装任务包括电气原理图的识读、电气元件的选择与检测、电气系统图的绘制、电气控制线路的安装、电动机控制线路的调试、常见故障的排查以及文件存档。

一、电气原理图的识读

电动机能耗制动控制线路原理如图 4.2.10 所示。

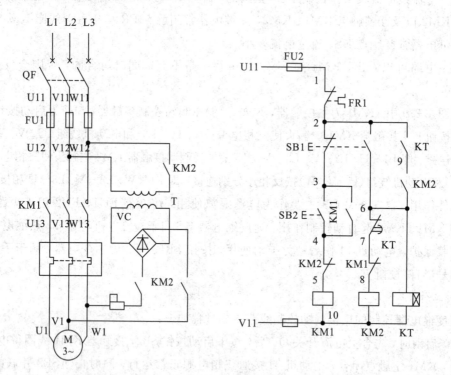

图 4.2.10　电动机能耗制动控制线路原理图

首先,分析本任务控制线路所用的电源。本任务控制线路所用电源是三相 380V、50Hz 的交流电源,主电路中有 1 台笼型异步电动机 M,制动方式为能耗制动。

其次,观察主电路中所用的电气元件。本任务所选用的电器有断路器 QF,接触器 KM1、KM2,熔断器 FU1 和热继电器 FR1,变压器 T,硅堆 VC 和滑动变阻器。

最后,分析控制线路所用设备。所用电源为两相交流电源,即工作电压是 380V。所用器件有自复位按钮 SB1、SB2,接触器 KM1、KM2 自锁触点和互锁触点及线圈,热继电器触点 FR1,熔断器 FU2 和时间继电器 KT。

二、电气元件的选择与检测

电气元件的选择与检测包括电气元件选择、外观检查和仪表检测。

1. 电气元件选择

按照本任务提供的电动机能耗制动控制线路原理图(见图 4.2.10),填写实训材料配置清单于表 4.2.2 中,并按照材料清单领取所需电气元件,要求备件齐全。

表 4.2.2　电动机能耗制动控制线路实训材料配置清单

元件名称	型　号	规　格	数　量	正常与否

2. 外观检查

外观检查包括以下两方面：

（1）铭牌检查。根据本任务控制线路技术参数要求，对所领用电气元件的铭牌参数进行逐一核对，核对其额定电压、电流以及电流整定值等参数是否符合要求。

（2）电气元件外观检查。检查所领用电气元件是否有损坏（譬如磕碰和裂痕），以及紧固件螺丝钉是否齐全，可动部分是否灵活等，要求外观完好无损。

3. 仪表检测

本任务控制线路所需的各个电气元件外观检测完成后，还需要进行仪表检测，即用万用表电阻挡检测触点通断情况是否良好，检查各元件绝缘情况是否良好，检查电动机性能是否良好。电气元件检测完毕，将检测结果填入表 4.2.3 中。

表 4.2.3　电气元件检测表

序　号	文字符号	设备名称	是否完好	备　注
1	QF			
2	FU1、FU2			
3	KM1、KM2			
4	FR1			
5	SB1、SB2			
6	KT			
7	T			
8	VC			
9	M			
10	XT			

注：电气元件检测方法详见模块二。

三、电气控制系统图的绘制

电气元件布置图和电气安装接线图是控制线路安装的主要依据。

根据电气安装接线图和电气元件布置图的绘制原则(详见模块一),绘制出电动机能耗制动控制线路的电气元件布置图和电气安装接线图。电气元件布置图如图 4.2.11 所示。

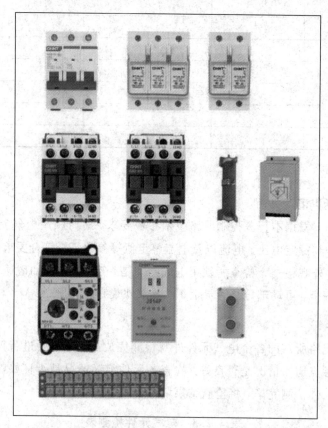

图 4.2.11　电动机能耗制动控制线路实物电气元件布置示意图

注意: 通常电气元件布置图与电气安装接线图组合在一起,既起到电气安装接线图的作用,又能清晰地表示出电气元件的布置情况。

四、电气控制线路的安装

电动机能耗制动控制线路的安装主要包括电气元件安装和布线。

1. 电气元件安装

按照本任务的电气元件布置图(见图 4.2.11),即可在给定的安装板上进行断路器、熔断器、接触器、热继电器、启停开关和接线端子等布置与安装,具体安装步骤如下。

1) 选择安装方式

本任务控制线路选择导轨安装方式,该方式便于电气元件安装和更换。安装步骤为:导轨裁剪为合适的长度,通过螺钉固定到安装板上。安装要求为:螺钉的间距不能太大,固定好的导轨要横平竖直,导轨的安装位置应满足线路布线要求。

2）电气元件安装

首先按照电气元件布置图，在安装板上规划好各电气元件的安装位置；然后安装导轨于安装板合适位置；最后按照安装规则，将本任务所需的所有电气元件安装于导轨上。

注意：进行导轨安装和电气元件安装时，要为布线留有合适空间，包括线槽所占空间。

2. 布线

按照布线工艺和流程（详情请参照模块一）进行布线。本任务的具体布线步骤如下。

1）导线选型

结合本任务控制线路的配线方法和实际线路情况，导线类型选择软导线（BVR），导线截面积大小为 $1\ \mathrm{mm^2}$。

2）配线方法

结合本任务控制线路的实际情况，选择目前使用较为广泛的一种配线形式即板前线槽配线法进行配线。该方法具有安装施工迅速、简便，而且外观整齐美观，检查维修及改装方便，能让学生在有限的学时内学到更多的知识和得到更多的锻炼。

3）接线

电气元件和线槽固定完毕后，严格按照接线规则和步骤进行本任务控制线路的接线工作。

接线注意事项：

（1）导线连接必须牢固，不得松动。

（2）每根连接导线中间不得有接头。

（3）按钮盒内接线时，切记启动按钮接动合触点（常开触点）。

（4）接触器的自锁触点接线切记并接在启动按钮两端。

（5）热继电器的动断触点（常闭触点）接线切记串接在控制电路中。

五、电动机控制线路的调试

电动机能耗制动控制线路安装完毕，必须经过认真检查后才能通电试车，通电试车成功后控制线路才算是合格的。本任务线路调试过程主要包括不通电检测和通电试车检测两个阶段。

1. 不通电检测

进行安装线路板不通电检测，前提是在检测前一定要切断安装线路板的供电电源，检测主要从外观检测和仪表检测两个方面进行。

1）外观检测

外观检测主要是指依据电气控制线路原理图或电气安装接线图对安装线路板进行外观检测。

（1）电气元件检查。根据电气控制线路调试方法和步骤（详见模块一的任务三），查看电气元件的安装位置和方向是否正确，安装是否牢固，电气元件的操作机构是否灵活，复位机构是否处于复位状态，开关、按钮等是否处于原始位置，保护元件整定值是否符合线路要求。按上述检查项检查完毕后，将电气元件检查结果记录于表 4.2.4 中。

表 4.2.4 电气元件检查记录表

检查内容		是否合格	备　注
电气元件安装	位置		
	方向		
	牢固		
复位情况			
整定值			

（2）线路检查。线路检查主要是检查配线选择是否符合要求，接线压接是否牢固、是否符合接线工艺，接线、线号是否正确等。

检查步骤为：对照电气控制原理图或电气安装接线图，先主电路后控制电路，从上到下、从左到右逐线检查核对。按照上述检查项和检查步骤检查完毕后，将线路检查结果记录于表4.2.5中。

表 4.2.5 线路检查记录表

检查对象	检查内容	是否合格	备注
主电路	导线类型		
	接线是否牢固		
	压线是否合格		
	线号是否正确		
	接线是否齐全		
	接线工艺		
控制电路	导线类型		
	接线是否牢固		
	压线是否合格		
	线号是否正确		
	接线是否齐全		
	接线工艺		

2）仪表检测

仪表检测主要包括主电路通断检测和控制电路通断检测。

（1）主电路通断检测。

主电路通断检测内容和步骤如下：

① 万用表挡位选择 200 Ω 欧姆挡。

② 在接线端子排 XT 上选定测量点。

③ 进行 L1 - U1、L2 - V1 和 L3 - W1 各段的"断"测试。若万用表显示∞，则正常；否则线路存在故障。

④ 整流元件 VC 的进出线和电源 L2 - L3、电机 V1 - W1 各段的"断"测试。

⑤ 进行 L1 - U1、L2 - V1 和 L3 - W1 的"通"测试。若万用表显示趋近于 0 Ω，则线路正常，否则线路存在故障。

⑥ 硅堆 VC 的进出线和电源 L2 - L3、电机 V1 - W1 各段的"通"测试。

⑦ 进行 L1 - L2、L2 - L3 和 L1 - L3 各段的"绝缘"测试。若万用表显示∞，则线路正常，否则线路存在故障。

注意：可用手压下接触器衔铁架来代替接触器得电吸合。

检查本控制线路的主电路通断情况时，分别在接线端子排 XT 上选定测量段 L1 - U1、L2 - V1、L3 - W1，调整万用表挡位旋钮至 200 Ω 挡。若不对电气元件做任何操作，则选定的 3 个测量段的测量值应为无穷大，即万用表应显示溢出标志 OL(断开状态)；若逐一合闸空气开关 QF，手动压下接触器 KM1 触点架，则 3 个测量段的测量值应该是趋近于 0 Ω(接通状态)。检测完毕，将检测结果记录在表 4.2.6 中。

表 4.2.6　主电路通断检测记录表

测试状态(闭合 QF2)	测量段	电阻值	正常与否	备注
"断"测试(无动作)	L1 - U1			
	L2 - V1			
	L3 - W1			
整流 VC∼V1/W1"断"测试	—			
"通"测试(按住 KM1 触点架不动)	L1 - U1			
	L2 - V1			
	L3 - W1			
整流 VC∼V1/W1"通"测试	—			
"绝缘"测试	L1 - L2			
	L1 - L3			
	L2 - L3			

(2) 控制电路通断检测。控制电路通断检测内容和步骤如下：

① 万用表挡位选择 2 kΩ 欧姆挡。

② 选定测量点，进行短路故障检测。在本任务安装线路板上选测量点 U11 和 V11，用万用表表笔测量这两点间的电阻，即控制电路的两个进线端子之间的电阻。此时万用表读数应为"∞"，否则控制电路存在故障，一般为 SB1 或 KM1 自锁触点处接线故障。

③ 启动按钮 SB2、KM1 自锁触点功能检测。若按住启动按钮 SB2 不动，万用表读数应为接触器 KM1 线圈的电阻值，约 0.7 kΩ(阻值和选用的接触器型号有关)，否则控制线路存在断路故障，一般是 SB1、SB2 接线等故障；若压住接触器 KM1 衔铁架不动，万用表读数也应约为 0.7 kΩ，否则 KM1 的自锁触点处有接线故障。

④ 停车按钮 SB1 功能检测。先按下启动按钮 SB2 不动，万用表读数应为 0.7 kΩ，再同时按住停车按钮 SB1，万用表读数应由 KM1 线圈阻值 0.7 kΩ 跳变为 KM2 和 KT 两线圈并联值，否则 SB2 或 KM2 与 KT 线圈支路处存在接线故障。

检测完毕，将检查结果记录于表 4.2.7 中。

表 4.2.7　控制电路通断检测记录表

测 试 步 骤	测量段	电阻值	正常与否	备注
短路故障测试	U11 - V11			
SB2 功能测试(闭合 SB2)	U11 - V11			
KM1 自锁触点测试(闭合 KM1)	U11 - V11			
SB1 功能测试(先按住 SB2 不动,再按 SB1)	U11 - V11			

注意:安装线路板不通电检测前一定要切断其供电电源。

2. 通电试车检测

对于经验还不足的操作人员,在通电试车检测环节,必须经指导老师或带班师傅的允许并在其监护下进行。

若本任务控制线路的不带电检测结果正常,则可进入通电试车检测调试阶段。通电试车检测包括空载试车检测和带载试车检测,先进行空载试车检测,观察电气元件动作情况,后进行带载试车检测,观察电动机运行情况。

1) 空载试车检测(不接电动机)

实际操作步骤如下:

(1) 暂不接电动机,只接通控制电路电源。

(2) 按下启动按钮 SB2,观察接触器 KM1 触点架是否能一直吸合,若吸合则线路正常,否则线路有故障。

(3) 首先按下 SB2,接触器 KM1 触点架吸合,然后按下停车按钮 SB1,观察 KM1 触点架是否释放,KM2 触点架是否吸合,时间继电器 KT 是否开始计时,若是则线路正常,否则相应支路处存在接线故障。

若上述任一步骤有故障,应立即停车并切断电源开关(最好物理断电),检查故障原因,找出故障。切记,未查明原因不得强行送电。

注意:空载试车完毕,应及时切断电路供电电源,恢复所有操作手柄于原位(断电状态)。

2) 带载试车检测(接电动机)

若空载试车检测正常,则进入带载试车测试阶段。

实际操作步骤如下:

(1) 将电动机正确接入线路安装板,接通供电电源。

(2) 按下启动按钮 SB2,观察电动机的转动、转向及声音是否正常,若正向转动且声音正常则线路工作正常,否则线路有故障。

(3) 电动机运行状态下,按下停车按钮 SB1,观察电动机能否迅速进行制动。

若上述任一步骤发现异常,应立即停车并切断电源,进行故障排查,直至故障排除。切记,未查明原因不得强行送电。

注意:带载试车完毕,应及时切断电路供电电源,恢复所有操作手柄于原位(断电状态)。

3) 试车注意事项

(1) 通电试车检测必须在指导老师的监护下进行。

(2) 调试前必须熟悉线路结构、功能和操作规程。

（3）通电时，先接通总电源，后接通分电源；断电时，顺序相反。

（4）接入电动机前，确保线路处于断电状态。

（5）电动机和线路安装板必须安放平稳，其金属外壳必须可靠接地。

（6）通电后，注意观察运行情况，做好随时停车准备，防止意外事故发生。

六、常见故障与排查

本任务控制线路的常见故障有控制电路短路，停车按钮 SB1 动断、动合触点接线故障，时间继电器 KT 瞬时动合触点、延时断开触点处接线故障等故障。

建议采用不通电电阻测量故障排查法，此方法较安全，便于学生使用。不通电电阻测量法包括下面两种方法。

1. 分阶电阻测量法

本任务控制线路常见故障可采用分阶电阻测量法排查，如图 4.2.12 所示。首先断开电源，按下启动按钮 SB2 不放，用万用表 2 kΩ 电阻挡测量 1 与 10 两点之间电阻。若电阻值无穷大，则说明电路断路；然后，用万用表一表笔接触于 10 点不动，另一表笔逐段测量 5、4、3、2 各点的电阻值。若测量某点时的电阻突然增大（10 与 5 两点除外），说明此点与前一点之间的连线断路或接触不良，进一步排查此处触点连线即可查出故障点。同上述步骤，测量本任务控制线路其他支路间的电阻值，进行线路检测和故障排查。

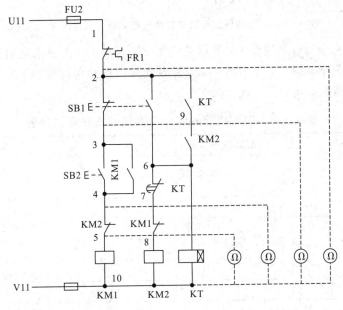

图 4.2.12　电动能耗制动控制线路故障分阶电阻测量法

2. 分段电阻测量法

分段电阻测量法也可用于本任务控制线路的故障排查，如图 4.2.13 所示。首先断开电源，按下启动按钮 SB2 不放，用万用表 2 kΩ 电阻挡测量 1-10 之间电阻。若电阻值无穷大，则说明电路断路；然后，用万用表表笔分别测量 10-5、5-4、4-3、3-2、2-1 各段的电阻值，若测得某段电阻值很大（10-5 除外），则说明这段的连线断路或接触不良，进一步排查此处触点连线即可查出故障点。同上述步骤，测量本任务控制线路其他支路间的电阻值，进行线路检测和故障。

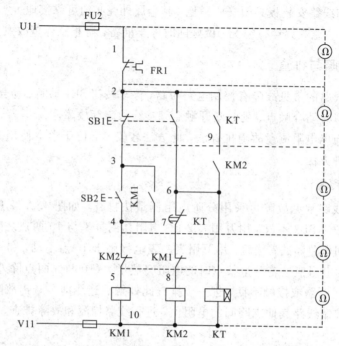

图 4.2.13　电动机能耗制动控制线路故障分段电阻测量法

在电动机能耗制动控制线路中，若遇见常见故障可用上述不通电电阻测量法进行故障排查。故障排查完毕，如需上电检测，应经指导老师同意并在其监护下进行。故障排除完毕，将故障排查情况如实记录于表 4.2.8 中。

表 4.2.8　电动机能耗制动控制线路故障点记录表

故障回路	故障描述	故障点	排除与否
主电路			
控制电路故障			

注意：故障排查前，一定要切断线路安装板的供电电源，做到物理断电即断开电源线。

七、文件存档

本任务控制线路制作、调试完毕，将所用的电气原理图、电气安装接线图、器件材料配置清单、调试与故障排查等记录材料按顺序整理于任务工单中进行文件存档。其任务工单分别如表 4.2.9 和表 4.2.10 所示。

表 4.2.9　任务工单一：电动机能耗制动控制线路之控制线路安装

院系		班级		姓名		学号	
日期		地点		教师		课时	
课程名称							
实训任务		电动机能耗制动控制线路之控制线路安装					

实训目的	
工具设备	
任务分工及计划	
绘制电气元件布置图和电气安装接线图	

电气元件检测	操作项目	操作步骤	结果
	实物认知	铭牌/型号：	
		外观检查：	
	仪表检测	触点通断：	
		相间绝缘：	

电气元件检测及安装步骤	
任务重点和要点	
存在问题和解决方法	

表 4.2.10　任务工单二：电动机能耗制动控制线路之控制线路调试

院系		班级		姓名		学号	
日期		地点		教师		课时	
课程名称							
实训任务		电动机能耗制动控制线路之控制线路调试					
操作要求							
任务分工及计划							
操作内容		具体内容		操 作 要 求			
		不通电检测					
		通电试车检测					
		故障排查					
调试与故障排查结果汇总							
任务重点和要点							
存在问题和解决方法							

任务评价

电动机能耗制动控制线路安装与调试任务评价分别见表 4.2.11 和表 4.2.12。

表 4.2.11 任务评价表一：电动机能耗制动控制线路之控制线路安装

组名/组员				班级	
任务名称		电动机能耗制动控制线路之控制线路安装		得分	
序号	内容	考核要求	评分细则	配分	赋分
1	实物认知	认识名称、型号及参数意义	1. 识别 5 分 2. 型号和参数 5 分	10	
2	电气元件检测	按正确步骤和要求进行器件检测，并做好记录	1. 外观检测 10 分 2. 触点通断检测 10 分 3. 相间绝缘检测 10 分	30	
3	电气元件安装			30	
任务得分(70 分)					
4	安全操作			20	
5	文明操作			10	
职业素养与操作规范得分(30 分)					
总得分(100 分)					

表 4.2.12 任务评价表二：电动机能耗制动控制线路之控制线路调试

组名/组员				班级	
任务名称		电动机能耗制动控制线路之控制线路调试		得分	
序号	主要内容	考核要求	评分细则	配分	赋分
1	不通电检测	能按正确步骤和要求进行检测并正确分析问题	1. 步骤和结果正确 20 分 2. 问题分析正确 10 分	30	
2	通电试车检测	按正确步骤和要求进行通电试车	1. 空载试车一次成功 10 分 2. 带载试车一次成功 10 分	20	
3	故障排查	按正确步骤和要求进行故障排查	1. 会分析故障 5 分 2. 排查故障 10 分 3. 排除故障 5 分	20	
任务得分(70 分)					
4	安全操作			20	
5	文明操作			10	
职业素养与操作规范得分(30 分)					
总得分(100 分)					

任务拓展

　　请在完成本任务电动机控制线路安装的基础上，自行完成电动机无变压器单相半波整流能耗制动控制线路的安装与调试工作。

任务三　　电动机反接制动控制线路的安装与调试

任务描述

　　本任务是根据电动机反接制动控制线路原理图，制作其安装工艺计划，绘制其电气元件布置图和电气安装接线图，以及完成电气元件选用和检查，并按照安装工艺计划完成电动机反接制动控制线路的安装；对安装完毕的电气控制线路进行不通电检测和通电试车检测，并根据检测时发现的问题进行故障分析，找出故障点并排除。

　　1. 任务目标

　　(1) 熟悉电动机反接制动控制线路的工作原理。

　　(2) 能按电动机反接制动控制线路原理图正确选取电气元件和对其检测。

　　(3) 能进行电动机反接制动控制线路的安装工艺流程制作。

　　(4) 按电动机反接制动控制线路安装工艺流程进行线路安装、调试和故障排查。

　　2. 任务步骤

　　(1) 分析电气原理图，按图配备电气元件，并对其进行检测。

　　(2) 绘制电动机反接制动控制线路电气元件布置图和电气安装接线图。

　　(3) 按工艺要求完成三相异步电动机反接制动控制线路的接线安装。

　　(4) 对电动机反接制动控制安装线路进行不通电检测。

　　(5) 对电动机反接制动控制安装线路进行通电试车检测。

　　(6) 按(4)、(5)步骤的检测结果进行故障排查。

　　3. 实训工具、仪表和器材

　　(1) 实训工具：螺钉旋具(大十字、大一字、小一字)、剥线钳、尖嘴钳和镊子等。

　　(2) 仪表：数字万用表一套。

　　(3) 实训器材：电动机反接制动控制线路安装所用实训器材如表 4.3.1 所示。

表 4.3.1　电动机反接制动控制线路所用实训器材清单

文字符号	器件名称	型号规格	数量	备　注
QF	断路器	HDBE - 63/3P/1P	各1	—
FU	熔断器	RT14 - 20 3P/1P	各1	—
KM1、KM2	交流接触器	CJX2 - 0911	2	—
FR	热继电器	NR4 - 63	1	—
SB1、SB2	启停按钮	LAY7 - 11BN	红绿钮各1	—
KS	速度继电器			—
XT	接线端子	TB2515	1	—
M	电动机	三相鼠笼式电动机	1	≤5.5 kW；380V Y/△
—	网孔板	孔距 10 mm×5 mm	1	—
BVR	导线	1 mm	若干	JS14P - 99S
—	线鼻子(针)	1 mm	若干	—
	线槽		若干	—

4. 安全操作

(1) 遵守实训室规章制度和安全操作规范。

(2) 初学者尽量采用"通电看现象，断电查故障"的排故障方法。

(3) 上电试车或检测，需经老师允许，若有异常立即停车。

(4) 工作结束，关闭电源和万用表。

知识储备

一、电动机反接制动控制原理

三相异步电动机反接制动是依靠改变电动机定子绕组中的电源相序，使定子绕组旋转磁场反向，转子受到与旋转方向相反的制动力矩作用而迅速停车。因此它的控制要求是制动时使电源反相序工作，制动到转速接近于零时，电动机电源自动切除。电动机反制动的特点为：电动机的反接制动以转速为变化参量，用速度继电器检测转速信号，能够准确地反映转速，不受外界干扰，有较好的制动效果。反接制动适用于生产机械的迅速停车与迅速转换方向。

电动机反接制动接线图和原理示意如图 4.3.1 所示。

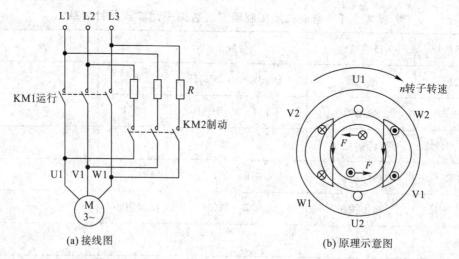

(a) 接线图　　　　　　　　　　(b) 原理示意图

图 4.3.1　电动机反接制动接线图和原理示意图

正常运行时，接通 KM1，电动机接顺序电源 L1 - L2 - L3 启动运行。需要制动时，接通 KM2，从图 4.3.1(b)可以看出，电动机的定子绕组接逆序电源 L2 - L1 - L3，该电源产生一个反向的旋转磁场，由于惯性，电动机仍然顺时针旋转。这时转子感应电流的方向按右手螺旋法则可以判断，再根据左手定则可判断转子的受力 F 方向。显然，转子会受到一个与其运动方向相反，而与新旋转磁场方向相同的制动力矩，使得电机的转速迅速降低。当转速接近零时，应切断反接电源，否则，电动机会反方向启动。

反接制动的优点是制动时间短，操作简单，但反接制动时，由于形成了反向磁场，所以使得转子的相对转速远大于同步转速，转差率大大增大，转子绕组中的感应电流很大，能耗也较大。为限制电流，一般在制动电路中串接入大电阻。另外，反接制动时，制动转矩较大，会对生产机械造成一定的机械冲击，影响加工精度，通常用于一些需频繁正反转且功率小于 10 kW 的小型生产机械中。

二、电动机反接制动控制线路

电动机反接制动控制线路分为单向运行反接制动控制线路和可逆运行反接制动控制线路。

1. 单向运行反接制动控制线路

电动机采用单向运行反接制动时，定子绕组旋转磁场与转子的相对速度$(n_1 + n)$很高，定子绕组中的电流很大，可为额定电流的 10 倍，所以这种制动方式一般用于容量在 10 kW 以下电动机的制动，并且对于 4.5 kW 以下的电动机还需在反转供电线路中串接限流电阻 R。限流电阻 R 的大小可根据下面两个经验公式来估算，即

$R \approx 1.5 \times 220/I$ 启动电流(在电源电压为 380 V，要求制动电流为启动电流一半时)

$R \approx 1.3 \times 220/I$ 启动电流(在电源电压为 380 V，要求制动电流等于启动电流时)

若仅在两相反接制动线路中串接电阻，则一般要求电阻值为上面估算值的 1.5 倍。

单向运行反接制动控制线路原理图如图 4.3.2 所示。

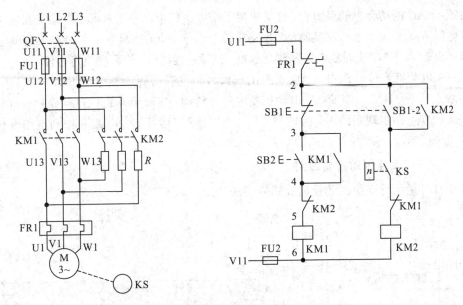

图 4.3.2　单向运行反接制动控制线路原理图

1）识读线路图

单向运行反接制动控制线路原理图由主电路和控制电路两部分构成。其原理图的左半边主电路，右半边为控制电路。主电路包括三相工作电源 L1、L2、L3，隔离开关 QF，熔断器 FU1，接触器 KM1、KM2 主触点，限流电阻器 R，热继电器 FR1 热元件和电动机 M，流过电流较大。控制电路有熔断器 FU2，启动按钮 SB2，停车按钮 SB1 及其联动常开触点 SB1-2，接触器线圈 KM1、KM2，接触器自锁触点 KM1、KM2，接触器互锁触点 KM1、KM2，热继电器常闭触点 FR1，速度继电器动合触点 KS，流过电流较小。

在图 4.3.2 中，KM1 为正转接触器，KM2 为反转接触器，SB2 为启动按钮，SB1 为停车按钮。正转接触器 KM1 主触头使三相电源(L1、L2、L3)和电动机绕组(U1、V1、W1)按相序分别相连接，即 L1-U1、L2-V1、L3-W1 相接；反转接触器 KM2 主触头使三相电源(L1、L2、L3)和电动机绕组(U1、V1、W1)按反相序分别相连接，即 L1-W1、L2-V1、L3-U1 相接。

元件作用：空气开关 QF 主要作为电源隔离使用，熔断器 FU1、FU2 用于短路保护，接触器 KM1、KM2 起自动控制作用，热继电器 FR1 用于过载保护，速度继电器 KS 为电机转速检测器件，电动机 M 作为动力拖动使用，按钮 SB1、SB2 为主令电器，用于手动发出控制信号(启停按钮)。

2）工作原理

单向运行反接制动控制线路工作过程如下：

(1) 启动时，合上电源开关 QF 后，按下启动按钮 SB2，接触器 KM1 线圈得电，KM1 主触点闭合，电动机 M 接通三相电源正转运行；同时，KM1 辅助常闭触点断开，即确保只要不按下 SB1，KM2 线圈回路就不得电，这就保证了电机主线路的用电安全；另外，与 SB2 并联的 KM1 自锁触点也闭合，使接触器 KM1 线圈持续供电，从而保证电动机连续正转，当电动机转速 $n \geqslant 100$ r/min 时，速度继电器动合触点 KS 闭合，为电动机制动做好准备。

(2) 停车时，按下停车按钮 SB1，接触器 KM1 线圈断电并释放其触点，KM2 线圈通电动作并自锁，KM2 的动合主触点闭合，电动机定子绕组所接电源相序换相，电动机在定子绕组串接入电阻 R 的情况下进行反接制动，电动机转速迅速下降，当转速 $n \leqslant 100$ r/min 时，速度继电器 KS 复位，KM2 线圈断电并释放其触点，制动过程结束，进而电机迅速停转。

（3）在电动机运行过程中，当电动机出现长时间过载而使热继电器 FR1 动作时，其常闭辅助触点断开，KM 线圈断电，电动机断电停止转动，实现电动机的过载保护。同样，若主电路或控制电路出现短路时，熔断器 FU1、FU2 熔芯熔断，主电路和控制电路断电，电动机 M 断电停转，实现控制线路的短路保护。

2. 可逆运行反接制动控制线路

电动机可逆运行反接制动控制线路原理图如图 4.3.3 所示。

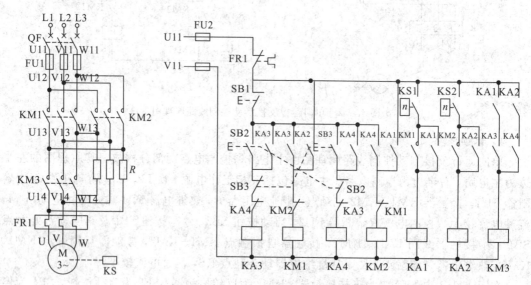

图 4.3.3　可逆运行反接制动控制线路原理图

1）识读线路图

可逆运行反接制动控制线路原理图由主电路和控制电路两部分构成。其原理图的左半边为主电路，右半边为控制电路。主电路包括三相工作电源 L1、L2、L3，隔离开关 QF，熔断器 FU1，接触器 KM1、KM2、KM3 主触点，电阻器 R，热继电器 FR1 热元件，电动机 M 和速度继电器 KS，流过电流较大。控制电路包括熔断器 FU2，按钮 SB1、SB2、SB3，接触器 KM1、KM2、KM3 线圈，接触器 KM1、KM2 互锁触点，接触器 KM1、KM2 动合触点，中间继电器 KA1～KA4 线圈、自锁触点，中间继电器 KA1、KA3、KA4 动合触点，速度继电器 KS1、KS2 动合触点，热继电器 FR1 动断触点，流过电流较小。

从主电路可以看出，KM1 和 KM2 的主触头是不允许同时闭合的，否则会发生相间短路。

在 4.3.3 中，KM1 为正转接触器，KM2 为反转接触器，SB2 为正转启动按钮，SB3 为反转启动按钮，KM3 为短接电阻器接触器，KA1～KA4 为中间继电器，电阻 R 既能限制反接制动电流，也能限制启动电流。正转接触器 KM1 主触头使三相电源(L1、L2、L3)和电动机绕组 (U、V、W)按相序分别连接，即 L1 - U、L2 - V、L3 - W 相接；反转接触器 KM2 主触头使三相电源(L1、L2、L3)和电动机绕组(U、V、W)按反相序分别连接，即 L1 - W、L2 - V、L3 - U 相接。

元件作用：空气开关 QF 主要作为电源隔离使用，熔断器 FU1、FU2 用于短路保护，接触器 KM1、KM2 起自动控制作用，热继电器 FR1 用于过载保护，电动机 M 作为动力拖动使用，按钮 SB1、SB2、SB3 为主令电器，用于手动发出控制信号（启停按钮）。

2）工作原理

可逆运行反接制动控制线路工作过程如下：

（1）启动时，合上电源开关 QF；正转时，需按下正转启动按钮 SB2，中间继电器 KA3 与接触器 KM1 均得电动作，KM1 主触点闭合，电动机 M 在定子绕组串联电阻器 R 情况下降压启动，当电机转速 $n \geqslant 100$ r/min 时，速度继电器 KS 动合触点 KS1 闭合，中间继电器 KA1 得电动作，接触器 KM3 得电动作，其主触点 KM3 闭合，切断电阻 R，电机 M 在全压下正转运行。

（2）停车时，按下停车按钮 SB1，中间继电器 KA3 失电，KM1、KM3 失电，KM1 动断触点复位，为电机 M 反接制动做好准备；与此同时，电机 M 脱离正向顺序的三相电源，但是此时电机转速 n 还较高，因此速度继电器动合触点 KS1 仍然闭合，KA1 仍然得电，故 KM2 得电，其主触点闭合，电动机 M 反接制动开始；当电机 M 转速 $n \leqslant 100$ r/min 时，速度继电器 KS1 触点断开复位，KM2 线圈断电，其触点复位，电机 M 反接制动结束，继而电动机能够迅速停转。

反转和反转停车控制过程需要按下反转启动按钮 SB3，其启动和制动停车过程与正转时相似，请读者自行分析。

（3）在电动机运行过程中，当电动机出现长时间过载而使热继电器 FR1 动作时，其常闭辅助触点断开，KM 线圈断电，电动机断电停止转动，实现电动机的过载保护。同样，若主电路或控制电路出现短路时，熔断器 FU1、FU2 熔芯熔断，主电路和控制电路断电，电动机 M 断电停转，实现控制线路的短路保护。

任务实施

电动机反接制动控制线路的安装任务包括电气原理图的识读、电气元件的选择与检测、电气控制系统图的绘制、电气控制线路的安装、电动机控制线路的调试、常见故障排查以及文件存档。

一、电气原理图的识读

电动机反接制动控制线路原理如图 4.3.4 所示。

首先，分析本任务控制线路所用的电源。本任务控制线路所用电源是三相 380 V、50 Hz 的交流电源，主电路中有 1 台笼型异步电动机 M，制动方式为电动机单向运行反接制动。

其次，观察主电路中所用的电气元件。本任务所选用的电气元件为断路器 QF，接触器 KM1、KM2，电阻器 R，熔断器 FU1，热继电器 FR1，电机 M 和速度继电器 KS。

最后，分析控制电路所用设备。所用电源为两相交流电源，即工作电压是 380 V。所用电气元件有自复位按钮 SB1、SB2，接触器线圈 KM1、KM2，接触器自锁触点 KM1、KM2、互锁触点 KM1、KM2，速度继电器动合触点 KS，熔断器 FU2 和热继电器触点 FR1。

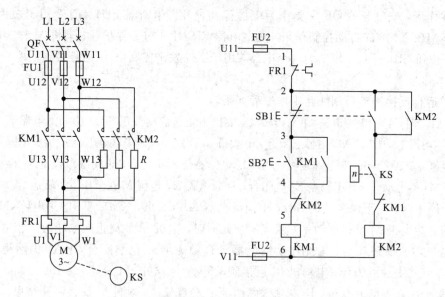

图 4.3.4　电动机反接制动控制线路原理图

二、电气元件的选择与检测

电气元件的选择与检测包括电气元件选择、外观检查和仪表检测。

1. 电气元件选择

按照本任务提供的电动机反接制动控制线路原理图（见图 4.3.4），填写实训材料配置清单于表 4.3.2 中，并按照材料清单领取所需电气元件，要求备件齐全。

表 4.3.2　电动机反接制动控制线路实训材料配置清单

电气元件名称	型　号	规　格	数　量	正常与否

2. 外观检查

外观检查包括以下两方面：

（1）铭牌检查。根据本任务控制线路技术参数要求，对所领用电气元件的铭牌参数进行逐一核对，核对其额定电压、电流以及电流整定值等参数是否符合要求。

（2）电气元件外观检查。检查所领用电气元件是否有损坏（譬如磕碰和裂痕），以及紧固件螺丝钉是否齐全，可动部分是否灵活等，要求外观完好无损。

3. 仪表检测

本任务控制线路所需的各个电气元件外观检测完成后，还需要进行仪表检测，即用万用表电阻挡检测触点通断情况是否良好，检查各元件绝缘情况是否良好，检查电动机性能是否良好。元件检测完毕，将检测结果填入表 4.3.3 中。

表 4.3.3　电气元件检测表

序　号	文字符号	设备名称	是否完好	备　注
1	QF			
2	FU			
3	KM1、KM2			
4	FR1			
5	SB1、SB2			
6	KS			
7	M			
8	XT			

注：电气元件检测方法详见模块二。

三、电气控制系统图的绘制

电气元件布置图和电气安装接线图是控制线路安装的主要依据。

根据电气安装接线图和电气元件布置图的绘制原则（详见模块一），绘制出电动机反接制动控制线路的电气元件布置图和电气安装接线图。电气元件布置图如图 4.3.5 所示。

注意：通常将电气元件布置图与电气安装接线图组合在一起，既起到电气安装接线图的作用，又能清晰地表示出电气元件的布置情况。

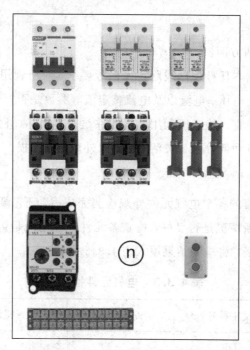

图 4.3.5　电动机反接制动控制线路实物元件布置示意图

四、电气控制线路的安装

电动机反接制动控制线路的安装主要包括电气元件安装和布线。

1. 电气元件安装

按照本任务的电气元件布置图(见图 4.3.5),即可在给定的安装板上进行断路器、熔断器、接触器、热继电器、启停开关和接线端子的布置与安装。具体安装步骤如下。

1) 选择安装方式

本任务控制线路选择导轨安装方式,该方式便于电气元件安装和更换。安装步骤为:导轨裁剪为合适的长度,通过螺钉固定到安装板上。安装要求为:螺钉的间距不能太大,固定好的导轨要横平竖直,导轨的安装位置应满足线路布线要求。

2) 电气元件安装

首先按照电气元件布置图,在安装板上规划好各电气元件的安装位置;然后安装导轨于安装板合适位置;最后按照安装规则,将本任务所需的所有电气元件安装于导轨上。

注意:进行导轨安装和电气元件安装时,要为布线留有合适空间,包括线槽所占空间。

2. 布线

按照布线工艺和流程(详情请参照模块一)进行布线。本任务的具体布线步骤如下。

1) 导线选型

结合本任务控制线路的配线方法和实际线路情况,导线类型选择软导线(BVR),导线截面积大小为 $1\ mm^2$。

2) 配线方法

结合本任务控制线路的实际情况,选择目前使用较为广泛的一种配线形式即板前线槽配线法进行配线。该方法具有安装施工迅速、简便，而且外观整齐美观，检查维修及改装方便，能让学生在有限的学时内学到更多的知识和得到更多的锻炼。

3）接线

电气元件和线槽固定完毕后，严格按照接线规则和步骤进行本任务控制线路的接线工作。

接线注意事项：

（1）导线连接必须牢固，不得松动。

（2）每根连接导线中间不得有接头。

（3）按钮盒内接线时，切记启动按钮接动合触点（常开触点）。

（4）接触器的自锁触点接线切记并接在启动按钮两端。

（5）热继电器的动断触点（常闭触点）接线切记串接在控制电路中。

五、电动机控制线路的调试

电动机反接制动控制线路安装完毕，必须经过认真检查后才能通电试车，通电试车成功后控制线路才算是合格的。本任务线路调试过程主要包括不通电检测和通电试车检测两个阶段。

1. 不通电检测

进行安装线路板不通电检测前一定要切断安装线路板的供电电源，检测主要包括外观检测和仪表检测。

1）外观检测

外观检测主要是指依据电气控制线路原理图或电气安装接线图对安装线路板进行外观检测。

（1）电气元件检查。根据电气控制线路调试方法和步骤（详见模块一任务三），查看电气元件的安装位置和方向是否正确、安装是否牢固，电气元件的操作机构是否灵活，复位机构是否处于复位状态，开关、按钮等是否处于原始位置，复位机构是否处于复位状态，保护元件整定值是否符合线路要求。按上述检查项检查完毕，将电气元件检查结果记录于表4.3.4中。

表 4.3.4　电气元件检查记录表

检查内容		是否合格	备　注
电气元件安装	位置		
	方向		
	牢固		
复位情况			
整定值			

（2）线路检查。线路检查主要是检查配线选择是否符合要求，接线压接是否牢固、是否符合接线工艺，接线、线号是否正确等。

检查步骤为：对照电气控制原理图或电气安装接线图，先主电路后控制电路，从上到下从左到右逐线检查核对。按照上述检查项和检查步骤检查完毕，将线路检查结果记录于

表 4.3.5 中。

表 4.3.5　线路检查记录表

检查对象	检查内容	是否合格	备　注
主电路	导线类型		
	接线是否牢固		
	压线是否合格		
	线号是否正确		
	接线是否齐全		
	接线工艺		
控制电路	导线类型		
	接线是否牢固		
	压线是否合格		
	线号是否正确		
	接线是否齐全		
	接线工艺		

2）仪表检测

仪表检测主要包括主电路通断检测和控制电路通断检测。

（1）主电路通断检测。主电路通断检测内容和步骤如下：

① 万用表挡位选择 200 Ω 欧姆挡。

② 在接线端子排 XT 上选定测量段。

③ 进行 L1 - U1、L2 - V1 和 L3 - W1(L1 - W1、L2 - V1、L3 - U1)各段的"断"测试。若万用表显示∞，则线路正常，否则线路存在故障。

④ 进行 L1 - U1、L2 - V1 和 L3 - W1(L1 - W1、L2 - V1、L3 - U1)各段的"通"测试。若万用表显示趋近于 0 Ω，则线路正常，否则线路存在故障。

⑤ 进行 L1 - L2、L2 - L3 和 L1 - L3 各段的"绝缘"测试。若万用表显示∞，则线路正常，否则线路存在故障。

注意：可用手压下接触器衔铁架来代替接触器得电吸合。

检查本任务控制线路主电路通断情况时，分别在接线端子排 XT 上选定测量段 L1 - U1、L2 - V1、L3 - W1(L1 - W1、L2 - V1、L3 - U1)，并调整万用表挡位旋钮至 200 Ω 挡。若不对电气元件做任何操作，则选定的 3 个测量段的测量值应为无穷大，即万用表应显示溢出标志 OL(断开状态)；若逐一合闸空气开关 QF 和手动压下接触器 KM1(KM2)触点架，则 3 个测量段的测量值应该是趋近于 0 Ω。检测完毕，将检测结果记录表 4.3.6 中。

表 4.3.6 主电路通断检测记录表

测试状态(闭合 QF)	测量段	电阻值	正常与否	备 注
"断"测试(无动作)	L1 - U1			
	L2 - V1			
	L3 - W1			
	L1 - W1			
	L2 - V1			
	L3 - U1			
"通 1"测试(按住 KM1 触点架不动)	L1 - U1			
	L2 - V1			
	L3 - W1			
"通 2"测试(按住 KM2 触点架不动)	L1 - W1			
	L2 - V1			
	L3 - U1			
"绝缘"测试 (分别闭合 KM1、KM2、KM1 及 KM2)	L1 - L2			
	L1 - L3			
	L2 - L3			

(2)控制电路通断检测。控制电路通断检测内容和步骤如下:

① 万用表挡位选择 2 kΩ 欧姆挡。

② 选定测量点,进行短路故障检测。在本任务安装线路板上选测量点 U11 和 V11,用万用表表笔测量这两点之间的电阻,即控制电路的两个进线端子之间的电阻。此时万用表读数应为"∞",否则控制线路存在短路故障,一般为 SB2 或 KM1、KM2 自锁触点的接线故障。

③ 启动按钮 SB2、KM1 自锁触点功能检测。若按住启动按钮 SB2 不动,万用表读数应为接触器 KM1 线圈的阻值,约 0.7 kΩ(阻值和选用的接触器型号有关),否则控制线路存在接线故障,一般是 SB1、SB2 或 KM 线圈接线等故障;若压住接触器 KM1 的衔铁架不动,万用表读数也应约为 0.7 kΩ,否则 KM1、KM2 的自锁触或线圈处有接线故障。

④ 停车按钮 SB1 功能检测。先按下启动按钮 SB2 不动,万用表读数应为 0.7 kΩ,再按住停车按钮 SB1,万用表读数应由 0.7 kΩ 变为∞,否则 SB1 处有接线故障。

检测完毕,将检查结果记录于表 4.3.7 中。

表 4.3.7　控制电路通断检测记录表

测试步骤(闭合 QF)	测量点	电阻值	正常与否	备注
"断路"测试	U11 - V11			
SB2 功能测试(闭合 SB1)	U11 - V11			
KM1 自锁触点测试(压下 KM1)	U11 - V11			
KM2 互锁触点测试(先压下 KM1,再压下 KM2)	U11 - V11			
KM2 自锁触点测试(KS 动合触点用一根导线短接,压下 KM2)	U11 - V11			
KM1 互锁触点测试(KS 动合触点用一根导线短接,先压下 KM2,再压下 KM1)	U11 - V11			
SB1 功能测试(先按住 SB2 不动,再按 SB1)	U11 - V11			

注意:安装线路板不通电检测前一定要切断其供电电源。

2. 通电试车检测

若本任务控制线路的不通电检测结果正常,则可进入通电试车检测阶段。通电试车检测包括空载试车检测和带载试车检测,先进行空载试车检测,观察电气元件动作情况,后进行带载试车检测,观察电动机运行情况。

1) 空载试车检测(不接电动机,KS 动合触点用一根导线短接)

实际操作步骤如下:

(1) 暂不接电动机,只接通控制电路电源。

(2) 按下启动按钮 SB2,观察接触器 KM1 触点架是否能一直吸合,若吸合则线路正常,否则线路有故障。

(3) 先按下启动 SB2,接触器 KM1 触点架吸合,然后再按下停车按钮 SB1,观察 KM1 触点架是否释放,KM1 触点架是否吸合,若是则线路正常,否则线路有故障。

若上述任一步骤有故障,应立即停车并切断电源开关(最好物理断电),检查故障原因,找出故障。切记,未查明原因不得强行送电。

注意:空载试车完毕,应及时切断电路供电电源,恢复所有操作手柄于原位(断电状态)。

2) 带载试车检测(接电动机)

若空载试车检测正常,则进入带载试车测试阶段。

实际操作步骤如下:

(1) 将电动机正确接入线路安装板,接通供电电源。

(2) 按下启动按钮 SB2,观察电动机的转动、转向及声音是否正常,若正向转动且声音正常则线路工作正常,否则线路有故障。

(3) 在电机运行状态下,按下停车按钮 SB1,观察电动机能否正常(迅速)停止转动。

若上述任一步骤发现异常,应立即停车并切断电源,进行故障排查,直至故障排除。切记,未查明原因不得强行送电。

注意:带载试车完毕,应及时切断电路供电电源,恢复所有操作手柄于原位(断电状态)。

3）试车注意事项

（1）通电试车检测必须在指导老师的监护下进行。

（2）调试前必须熟悉线路结构、功能和操作规程。

（3）通电时，先接通总电源，后接通分电源；断电时，顺序相反。

（4）接入电动机前，确保线路处于断电状态。

（5）电动机和线路安装板必须安放平稳，其金属外壳必须可靠接地。

（6）通电后，注意观察运行情况，做好随时停车准备，防止意外事故发生。

六、常见故障与排查

本任务控制线路的常见故障一般有控制电路短路、停车按钮 SB1 不起作用、接触器 KM1 自锁或互锁触点不起作用、电动机运行声音异常等故障。

建议采用不通电电阻检测的故障排查法，此方法较安全，便于学生使用。不通电电阻测量法包括下面两种方法。

1. 分阶电阻测量法

本任务控制线路常见故障可采用分阶电阻测量法排查，如图 4.3.6 所示。首先确认电源是否正确，然后按下启动按钮 SB2 不放，用万用表 200 Ω 电阻挡测量 1-6 之间电阻。若电阻值为无穷大，则说明线路断路；再用万用表一表笔接触于 6 点不动，另一表笔逐段测量 5、4、3、2 各点的电阻值。若测量某点时的电阻突然增大，说明此点与前一点之间的连线断路或接触不良，进一步排查此处触点连线即可查出故障点。同上述步骤，测量反接制动支路间的电阻值，进行线路检测和故障排查。

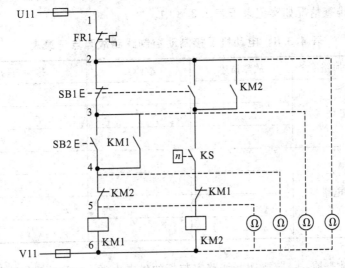

图 4.3.6　电动机反接制动控制线路故障分阶电阻测量法

2. 分段电阻测量法

分段电阻测量法也可用于本任务控制线路的故障排查，如图 4.3.7 所示。首先断开电源，按下启动按钮 SB2 不放，用万用表 200 Ω 电阻挡测量 1-6 之间电阻，若电阻值为无穷大，则说明电路断路；然后，用万用表表笔分别测量 6-5、5-4、4-3、3-2、2-1 各段的电阻值。

若某段的电阻值很大，则说明这段的连线断路或接触不良，进一步排查此段触点连线即可查出故障点。同上述步骤，测量反接制动支路间的电阻值，进行线路检测和故障排查。

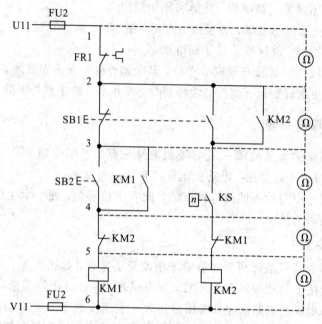

图 4.3.7　电动机反接制动控制线路故障分段电阻测量法

在电动机反接制动控制线路中，若遇见常见故障，则可用上述不通电电阻测量法进行故障排查。故障排查完毕，如需通电检测，应经指导老师同意并在其监护下进行。故障排查完毕，将故障排查情况如实记录于表 4.3.8 中。

表 4.3.8　电动机反接制动控制线路故障点记录表

故障回路	故障描述	故障点	排除与否
主电路			
控制电路			

注意：故障排查前，一定要切断线路安装板的供电电源，做到物理断电即断开电源线。

七、文件存档

本任务控制线路制作、调试完毕，将所用的电气原理图、电气安装接线图、器件材料配置清单、调试与故障排查等记录材料按顺序整理于任务工单中，进行文件存档。其任务工单如表 4.3.9 和表 4.3.10 所示。

表 4.3.9 任务工单一：电动机反接制动控制线路安装

院系		班级		姓名		学号	
日期		地点		教师		课时	
课程名称							
实训任务		电动机反接制动控制线路安装					

实训目的							
工具设备							
任务分工及计划							
绘制电气元件布置图和电气安装接线图							

电气元件检测	操作项目		操 作 步 骤		结 果	
	实物认知		铭牌/型号：			
			外观检查：			
	仪表检测		触点通断：			
			相间绝缘：			

电气元件检测及安装步骤							

任务重点和要点							

存在问题和解决方法							

表 4.3.10　任务工单二：电动机反接制动控制线路调试

院系		班级		姓名		学号	
日期		地点		教师		课时	
课程名称							
实训任务		电动机反接制动控制线路调试					
操作要求							
任务分工及计划							
操作内容		具体内容	操 作 要 求				
		不通电检测					
		通电试车检测					
		故障排查					
调试与故障排查结果汇总							
任务重点和要点							
存在问题和解决方法							

任务评价

电动机反接制动控制线路的安装与调试任务评价分别见表 4.3.11 和表 4.3.12。

表 4.3.11 任务评价表一：电动机反接制动控制线路安装

组名/组员				班级	
任务名称		电动机反接制动控制线路安装		得分	
序号	内容	考核要求	评分细则	配分	赋分
1	实物认知	认识名称、型号及参数意义	1. 识别 5 分 2. 型号和参数 5 分	10	
2	电气元件检测	按正确步骤和要求进行器件检测，并做好记录	1. 外观检测 10 分 2. 触点通断检测 10 分 3. 相间绝缘检测 10 分	30	
3	电气元件安装			30	
任务得分(70 分)					
4	安全操作			20	
5	文明操作			10	
职业素养与操作规范得分(30 分)					
总得分(100 分)					

表 4.3.12 任务评价表二：电动机反接制动控制线路调试

组名/组员				班级	
任务名称		电动机反接制动控制线路调试		得分	
序号	主要内容	考核要求	评分细则	配分	赋分
1	不通电检测	能按正确步骤和要求进行检测并正确分析问题	1. 步骤和结果正确 20 分 2. 问题分析正确 10 分	30	
2	通电试车检测	按正确步骤和要求进行通电试车	1. 空载试车一次成功 10 分 2. 带载试车一次成功 10 分	20	
3	故障排查	按正确步骤和要求进行故障排查	1. 会分析故障 5 分 2. 排查故障 10 分 3. 排除故障 5 分	20	
任务得分(70 分)					
4	安全操作			20	
5	文明操作			10	
职业素养与操作规范得分(30 分)					
总得分(100 分)					

任务拓展

　　请在完成本任务电动机控制线路安装的基础上，自行完成电动机双向反接制动控制线路的安装与调试工作。

课程思政

　　本模块主要介绍了典型电气控制线路系统图的工作原理分析、安装及其调试流程。通过本模块的学习，学生能够掌握典型电气控制线路的安装工艺计划制定和线路安装与调试。

　　在讲解电机典型控制线路的安装与调试时，给出中国自主研发的，能逢山开路、遇水搭桥，创造了川藏铁路、港珠澳大桥等一个个举世瞩目的世界奇迹的架桥机，以引导当代大学生要心怀"国之大者"，树立打造"大国重器"的理念和追求以及要具有文化自信的积极人生态度，使自己成长为技术专业人才，为中华民族伟大复兴贡献自己的力量。

参 考 文 献

[1]　李艳玲，朱光耀．电机与电气控制技术[M]．北京：机械工业出版社，2020.

[2]　侍寿永．电气控制与 PLC 技术应用教程[M]．北京：机械工业出版社，2017.

[3]　陈仕云．电气控制技能训练[M]．北京：北京理工大学出版社，2016.

[4]　李树元．电气设备控制与检修[M]．北京：中国电力出版社，2016.

[5]　张益，吴宝杰．电工实训指导书[M]．北京：北京师范大学出版社，2016.